Klaus Kobjoll
Ulrich Scheiper
Markus Wiesmann

KLAUS KOBJOLL
Ulrich Scheiper
Markus Wiesmann

Das revolutionäre Motivationskonzept

orell füssli Verlag AG

2. Auflage

© 2005 Orell Füssli Verlag AG, Zürich
www.ofv.ch
Alle Rechte vorbehalten

Umschlagabbildung: Getty-Images (Peter Beavis)
Umschlaggestaltung: cosmic Werbeagentur, Bern

Druck: fgb • freiburger graphische betriebe, Freiburg i. Brsg.
Printed in Germany

ISBN 3-280-05113-4

———

Bibliografische Information der Deutschen Bibliothek
Die Deutsche Bibliothek verzeichnet diese Publikation in der Deutschen
Nationalbibliografie; detaillierte bibliografische Daten sind im Internet über
http://dnb.ddb.de abrufbar.

Inhaltsverzeichnis

Einleitung

Fast 90 Prozent der Mitarbeiter in deutschen Unternehmen sind nicht mit ganzem Herzen bei der Arbeit. 70 Prozent verspüren nur eine geringe emotionale Bindung zum Arbeitgeber und machen Dienst nach Vorschrift. 18 Prozent verspüren keine emotionale Bindung und haben bereits innerlich gekündigt. Den Mitgliedern dieser beiden Gruppen fehlt auch der Spaß bei der Arbeit. Nicht viel mehr als ein Drittel der Arbeitnehmer mit geringer Bindung hat Spaß bei der Arbeit. In der Gruppe der Missgestimmten sind es sogar nur 14 Prozent. Dies sind erschreckende Zahlen aus einer Befragung des Gallup-Instituts. Gallup schätzt den jährlichen gesamtwirtschaftlichen Schaden durch fehlendes Engagement am Arbeitsplatz in Deutschland auf bis zu 260 Milliarden Euro. Das entspricht etwa dem Bundeshaushalt für das Jahr 2004. Gallup nennt schlechtes Management als wichtigsten Grund für das fehlende Engagement am Arbeitsplatz. So gaben die Befragten an, dass sie eine Position ausfüllen, die ihnen nicht liegt, dass sie Lob und Anerkennung für gute Arbeit vermissen, dass die Vorgesetzten sich nicht für sie als Mensch interessieren, dass die Chefs selten andere Meinungen gelten lassen und dass es niemanden im Unternehmen gibt, der die persönliche Entwicklung fördert.

Szenenwechsel: «Marx hatte Recht. Die Arbeiter kontrollieren die Produktionsmittel. Denn das Produktionsmittel der Zukunft ist unser Gehirn. Kreative Köpfe bringen das Kapital zum Tanzen. Unternehmen sind nur erfolgreich, wenn die Leute dort anders denken können. *Business as usual* ist langweilig. Doch wo es langweilig ist, da wollen die guten Leute nicht arbeiten – und die Kunden nichts kaufen», schreiben die schwedischen Ökonomen Jonas Ridderstrale und Kjell A. Nordström in ihrem Buch «Funky Business». Aus den *working class heroes* wurden und werden zunehmend selbstbewusste Arbeitnehmer.

In einem Zeitalter, in dem es Kapital im Überfluss gibt, sind die Menschen das intellektuelle Kapital heutiger Unternehmen. Und dieses Kapital ist nicht homogen wie Finanzkapital. Menschen sind verschieden. Das gilt für Kunden ebenso wie für Mitarbeiter. Wir leben in einer Zeit der extremen Individualisierung. Das hat mehr mit Persönlichkeitsentfaltung als mit Egoismus zu tun. In einer deregulierten Welt gilt die für den Einzelnen gültige Gleichung:

Mehr Freiheit = mehr Möglichkeiten = mehr Verantwortung = mehr Einfluss = mehr Wert.

Der wichtigste Produktionsfaktor ist das Gehirn. Die Wertschöpfung liegt mehr und mehr in immateriellen Dingen. Heute werden in modernen Unternehmen drei Viertel oder mehr der gesamten Arbeitsleistung als Dienstleistung oder reine Wissensarbeit erbracht. Und dennoch ist das intellektuelle Kapital schwer greifbar, geschweige denn messbar oder bewertbar.

Wie passen die Gallup-Studie und «Funky Business» zusammen? Im Mittelpunkt steht der Mitarbeiter. Damit bekommen Management und Personalführung eine Schlüsselrolle. Das Wort managen geht zurück auf das italienische Wort *maneggiare*, «handhaben, bewerkstelligen». Es hat denselben Ursprung wie das Wort Manege, «Handhabung, Schulreiten, Reitbahn». Aber es geht gerade nicht um Dressur und Gehorsam. Der moderne Mensch reagiert auf Abrichtung mit Dienst nach Vorschrift oder innerlicher Kündigung. Mitarbeiter lassen sich nicht gerne als Produktionsfaktor oder menschliche Ressource behandeln. Sie möchten als Individuen betrachtet und anerkannt werden. Sie suchen Wertschätzung auf rationaler und emotionaler Ebene. IQ und EQ sind keine sich ausschließenden Gegensätze, sie müssen koexistieren, sind komplementär.

Wir bieten mit diesem Buch ein neues Instrument an, das den Verstand und das Gefühl anspricht. Der Mitarbeiteraktienindex (**MAX**) setzt auf drei Dinge: die Sinn stiftende Führungskraft, den einmaligen Mitarbeiter und gemeinsame organisatorische Innovation.

Sinn stiftende Führungskraft meint die Betonung der geistigen Führung anstelle des Managements bis ins kleinste Detail. In einer oft undurchschaubaren Welt kann die Führungskraft als Orientierungspunkt dienen, der dem privaten und dem beruflichen Leben der Mitarbeiter einen Sinn gibt. Einmaliger Mitarbeiter bedeutet, dass Menschen verschieden sind und damit auch ihre Motivationen. So sollten Angestellte und Manager mehr über Motivationsprofile und weniger über Anforderungsprofile sprechen. Organisatorische Innovation meint Bedingungen, die Leistungsfähigkeit und Kreativität zulassen und fördern.

Wie steht es um den Aktienwert und die Wertschöpfung Ihrer Mitarbeiter?

1. MAX wird geboren – Idee und Entstehungsgeschichte des MAX

1.1 Klaus Kobjoll hat mal wieder eine Idee ...

Als Gründungsunternehmer in der Hotellerie, einer kapitalinten-
siven Branche, war mir bei meinem lächerlichen Eigenkapital von
Anfang an eines klar: Wir werden es nicht schaffen, emotionale
Erlebnisse, sprich Servicequalität, beim Kunden über starke Reize
von außen erlebbar zu machen – also über Schwimmbäder,
Wellnessbereiche, Lobbys, in denen die Kunden sich verlaufen,
begehbare Kleiderschränke oder mit Antiquitäten eingerichtete
Zimmer.

Wir werden emotionale Erlebnisse nur über heimliche Berüh-
rungen, über «Human Touch», beim Kunden erzielen.

Alle Unternehmen suchen nach Differenzierungsstrategien,
und auch hier wurde uns sehr schnell klar: Es gibt nur zwei Dinge,
die nicht kopierbar sind. Das sind erstens die Beziehungen eines
Unternehmens zu seinen Mitarbeitern und daraus resultierend
(und zweitens) die Beziehungen der Mitarbeiter zu ihren Kunden.
Mitarbeiter sind nur dann in der Lage, gute Beziehungen zu Kunden aufzubauen, wenn sie selbst «lichterloh brennen», wenn sie
voll identifiziert sind mit den Werten, mit den Zielen ihres Unternehmens, also muss zunächst eines aufgebaut werden ...

*...gute Beziehungen zwischen der Unternehmensleitung und
den Mitarbeitern*

In Anbetracht der bereits im Vorwort erwähnten Gallup-Studie
reicht es also nicht mehr aus, einen repräsentativen Querschnitt
durch die Bevölkerung in einem Unternehmen zu beschäftigen –
denn in einem solchen Fall gingen sehr schnell die Lichter aus!
Ganz im Gegenteil: Wir müssen alles daran setzen, eben die zwölf
Prozent (und vielleicht sind es auch 20) Hochmotivierten auszufiltern.

Hier war der «Schindlerhof» schon immer Vorreiter: Wir haben seit 1984 einen sehr engmaschigen Einstellungsfilter kreiert, bestehend aus neun Einzelfiltern. In der Regel dauert es somit zwei bis drei Monate, bis jemand überhaupt anfängt, für uns zu arbeiten, bis wir uns gegenseitig so weit beschnuppert haben, dass eben wirklich beide Partner fest davon überzeugt sind, die richtige Entscheidung zu treffen.

Zudem arbeiten wir seit Jahren mit einer mehrsprachigen Mitarbeiterbroschüre, die wir an Hotelfachschulen, Gymnasien und an die Industrie- und Handelskammern schicken, dort wo Meisterprüfungen stattfinden. Diese Imagebroschüre für den Mitarbeitermarkt sorgte in den letzten Jahren für permanent steigende Besucherzahlen; so haben wir im Jahr 2003 rund 1000 Schüler und Studenten in kleinen Gruppen durch den «Schindlerhof» geführt, immer verbunden mit Vorträgen, Diskussionen und natürlich auch mit Kaffee und Kuchen. Aus diesen Hausführungen resultierten 202 ungefragte Bewerbungen, inzwischen übrigens bereits ca. 20 Prozent via Internet. Diese Zahlen bestärken uns in der Auffassung, dass dies der richtige Weg ist – also über diese Mitarbeiterbroschüre –, Nachwuchstalente zu akquirieren. Somit haben wir schon immer intuitiv versucht, die Hochmotivierten, die Elite aus dem kollektiven Freizeitpark auszufiltern.

Darüber hinaus kommt bei uns seit 1984, also seit mittlerweile gut 20 Jahren, die gute alte Gustav-Kähser-Spinne zum Einsatz, quasi eine visuelle Form der Darstellung der Stärken und Schwächen eines Mitarbeiters. Wir führen mit ihrer Hilfe mit jedem Teammitglied im ersten Quartal ein etwa einstündiges Karriere- oder Orientierungsgespräch. Zunächst ist es eine subjektive Selbstbewertung des Mitarbeiters, bezüglich seiner eigenen Performance, dann eine Fremdeinschätzung der Führungskraft. Daraufhin findet eben eine Diskussion statt, die zu entsprechenden Maßnahmen, zu Entscheidungen und zu Zielvereinbarungen führt.

Irgendwie kämen wir uns nun komisch vor, wenn wir unsere gestandenen Führungskräfte in der gleichen Weise nach Loyalität, Pünktlichkeit oder unternehmerischem Denken beurteilen sollten. Also haben wir andere Kriterien entwickelt, unsere «zentralen Leaderkompetenzen». Hier geht es um die folgenden vier Bereiche:

- fachliche Kompetenz
- soziale Kompetenz
- kommunikative Kompetenz
- personale Kompetenz

Bei der *personalen Kompetenz* achten wir besonders auf Selbstorganisation, Selbstwahrnehmung, Eigenverantwortung und natürlich Eigenmotivation. Auf die konkreten Inhalte der Beurteilungsspinne und ihrer Systematik gehen wir in Kapitel 2 (Seite 53ff.) noch genauer ein.

Motivation muss immer jede(r) selbst – aus sich heraus – mitbringen. Diese kann man natürlich durch «Fringe-Benefits», unseren so genannten Puderzucker, noch beschleunigen, aber wenn kein Drive, keine innere Motivation, vorhanden ist, geht gar nichts! Das ist wie bei einem satten Esel: Dem können Sie vorne und hinten eine Karotte reinschieben, und trotzdem wird sich der Kerl keinen Zentimeter vom Fleck bewegen.

All das hat natürlich auch zur Voraussetzung, dass das Unternehmen gute Beziehungen zu seinen Mitarbeitern aufbaut, was wiederum dazu führen kann, dass diese Mitarbeiter unsere Kunden, unsere Gäste, «süchtig» auf die Leistungen unseres Unternehmens machen.

Zugegebenermaßen sind diese Dinge bislang nicht besonders innovativ, viele andere Firmen tun es auch, es funktioniert und es ist in Ordnung. Aber es ist weiß Gott nicht spannend – es ist nicht heiß!

Was jahrelang wunderbar geklappt hat, muss nicht unbedingt in Zukunft weiter so funktionieren. Jemand, der wirklich zu uns passt, der eingestimmt wird, muss natürlich immer auch ein Feedback bekommen, denn er fragt sich naturgemäß: «Wie ist meine Leistung, und wo stehe ich gerade zurzeit? Habe ich mich verbessert? Gibt es irgendwo Lücken, die ich schleunigst schließen muss?» Kurzum: «Wo sind meine Stärken und wo meine Schwächen?»

Also musste etwas komplett Neues her, und somit kommen wir zum eigentlichen Thema dieses Buches.

1.2 Die Inspiration

Die Inspiration für **MAX** kam durch exakt drei Dinge, also ein wunderbarer Dreiklang, wie so vieles im Leben:

Erstens durch Basel II, also das Rating eines Unternehmens und damit ja auch des Unternehmers.

Wir Selbstständige müssen alles tun, um unsere Unternehmen aus der Sicht unserer Bank ständig wertvoller zu machen, ständig Wert steigern, um überhaupt noch kreditfähig zu sein bzw. günstige Kreditkonditionen in Anspruch nehmen zu können.

Und wir glauben fest daran, dass bei rund fünf Millionen Arbeitslosen in Deutschland auch ein angestellter Mitarbeiter, ja selbst ein angestellter Unternehmer, gut daran tut, alles zu machen – ständig alles zu machen –, um seinen Wert für den Arbeitsmarkt zu steigern.

Also im Grunde genommen ein Rating für den Mitarbeiter. Jeder sollte sich eigentlich täglich mit der Frage beschäftigen: Wie ist mein Wert da draußen im Mitarbeitermarkt?

Es geht gar nicht allein nur um den Wert im Unternehmen, in dem er grade angestellt ist, sondern um die Gesamtheit da draußen. Wie attraktiv bin ich für einen Arbeitgeber, wie attraktiv bin ich für den Arbeitsmarkt?

Zweitens ein Gedanke, der damals noch dazukam, von Professor Malik von der Hochschule St. Gallen (HSG), der meinte: «Firmen, die aufhören, zu innovieren, geraten auf die schiefe Bahn.» Und das passiert verdammt schnell! Also dachten wir uns, dass wir mutig sein müssen. Wir müssen wirklich etwas ganz Neues entwickeln und nicht nur wieder alten Wein in neue Schläuche füllen!

Drittens ein Ausspruch von Karl Friedrich von Weizsäcker, dem Bruder unseres Ex-Ex-Bundespräsidenten, einem Physiker und Philosophen, der einmal sagte: «Es ist eine der asketischsten Grunderfahrungen der Menschheit, dass gerade die Arbeit des Einzelnen, des Individuums, an sich selbst unbewusst ausstrahlend die Gesellschaft verändert.» Das Resultat war, dass wir ein Instrument wollten, mit Hilfe dessen sich die Mitarbeiter quasi einmal monatlich im Spiegel betrachten können, ihre Stärken und Schwächen erkennen, ihren Wert auf dem Arbeitsmarkt sehen und damit in die Lage versetzt werden, an sich selbst zu arbeiten, weil sie ja dann – letztendlich unbewusst ausstrahlend – auch ihr Team, das Unternehmen und schlussendlich ihr gesamtes Umfeld mit zu verändern und zu verbessern helfen. Wir sind der festen Überzeugung, dass es ihnen hilft, sich nicht ins Heer der Arbeitslosen einreihen zu müssen.

Als nun diese Gedanken in der Luft lagen und keine Ruhe mehr geben wollten, kam noch ein Schlagwort, welches in Deutschland überall zu lesen war, die «Ich-AG». Dann wurde der Terminus «Ich-AG» auch noch zum Unwort des Jahres 2002 gekürt. Da war eigentlich schon alles klar ... Daraus, dachten wir, könnte man doch eine «Ich-Aktie» ableiten, also auf eine spielerische Art nach bestimmten Kriterien den Aktienwert eines Mitarbeiters monatlich anpassen, steigen oder fallen lassen, je nachdem, wie seine Leistung in verschiedenen Gebieten ist.

Als wir so weit waren, stieg schon ein wenig Angst, zumindest ein rechtes Unbehagen in uns auf…

Uns war von vornherein klar, dass wir ein außerordentlich heikles Thema behandelten: Menschen werden mit einem Aktienwert gleichgesetzt, und ihr Wert kann dann regelrecht abstürzen oder eben auch steigen! Somit «versicherten» wir uns an dieser Stelle der Hilfe der Spitzenwissenschaft, quasi eine Art «Vollkaskoversicherung mit Selbstbeteiligung».

Seit vielen Jahren ist es im «Schindlerhof» üblich, dass wir Projekte, die uns überfordern, mit Fachhochschulen abwickeln. Auch hier gelang es uns, mit der Fachhochschule Würzburg-Schweinfurt und Professor Dr. Ulrich Scheiper einen Mann und eine Fakultät zu gewinnen, die diese Gedanken aufnahmen und mit sehr viel Freude, Begeisterung und Engagement praxisfähig machten.

Natürlich mussten wir zunächst einen Namen finden, denn «Ich-Aktie» reißt auch keinen zu Begeisterungsstürmen hin. In einem unserer zahlreichen Meetings kamen wir dann auf die Idee: Das Ganze soll **MAX** heißen.

… **MAX** war geboren!

1.3   Wer oder was ist **MAX**?

Beim **MitarbeiterAktienindeX** lässt der Begriff Aktie – gewollt – Assoziationen zum Finanzmarkt zu. Ähnlich wie bei einer Neuemission am Kapitalmarkt erhält jeder Mitarbeiter an seinem ersten Arbeitstag einen Aktien-Nennwert in Höhe von 1000 Pixeln. Ganz bewusst tauften wir die Werteinheit mit dem Kunstwort

Pixel und nicht Euro oder Schweizer Franken, denn es liegt uns natürlich daran, eher den spielerischen Charakter in den Vordergrund zu stellen und nicht den monetären Wert. Natürlich ist der auch in der Überlegung enthalten, in dem Sinne, dass die Wertigkeit der Pixel eine Summe anderer Bedeutungen enthält.

Der spätere Kursverlauf wird monatlich neu errechnet und spiegelt dann den aktuellen Kurs des «Players» (Player = MitarbeiterIn) wider. Auch diesen Begriff wählten wir, um die spielerische Komponente hervorzuheben. Auch dabei sind die möglichen Wertveränderungen gewollt sehr moderat gehalten: Im schlimmsten Fall fällt ein Teammitglied von seinem Ausgabekurs nach einem Jahr auf etwa 850 Pixel. Im besten Fall können etwas mehr als 1200 Pixel erreicht werden. Denn die ausgegebene Parole heißt Motivation und nicht das Gegenteil.

1.4 PIX – der «Player-Index»

Im «Schindlerhof» gelten folgende Zutaten zur Aktienwertermittlung bzw. -veränderung:

1. Aktive Arbeit mit einem Zeitplansystem – manuell oder *handheld*;
2. Abschreibung – jeder Player wird moderat wie ein Anlagegut «abgeschrieben»;
3. Mitarbeit am kontinuierlichen Verbesserungsprozess – dem Vorschlagswesen;
4. persönliche, subjektive Fehlerquote;
5. Ergebnisse aus regelmäßigen Beurteilungsgesprächen – diese finden zweimal pro Jahr statt;
6. Krankheitstage – Krankenhausaufenthalte und Betriebsunfälle sind ausgenommen;
7. Pünktlichkeit;

8. Pixelprämie bei Erreichung gesondert vereinbarter Ziele;
9. freiwillige Mitarbeit an Projekten – Projektarbeit findet grundsätzlich in der Freizeit statt;
10. Raucher oder Nichtraucher? – Nichtraucher sind besser;
11. BMI – der Body-Mass-Index;
12. Verstoß gegen die Spielregeln – hausinterne Regeln, die jedem Player bestens bekannt sind;
13. Weiterbildung;
14. Betriebsjubiläen – hier gibt es Extra-Pixel, denn Erfahrung ist wertvoll.

(Die Komponenten werden ab Seite 46 noch ausführlich erläutert.)

Die zum Einsatz kommenden Einflussfaktoren und deren Gewichtung können in jedem Unternehmen unterschiedlich sein. Das ist auch gut so, denn jede Branche ist anders strukturiert.

Mittlerweile ist die monatliche Aktienwertermittlung per eigens entwickelter Software systematisiert und nimmt pro Player und Monat nur etwa fünf Minuten in Anspruch.

Zu Beginn der Implementierung im «Schindlerhof» wurde das System mit Excel-Dateien verwaltet. Es stellte sich aber schnell heraus, dass die teilweise nicht zu unterbindende Dynamik der persönlichen Entwicklung mit Excel langfristig nicht gut wiedergegeben werden kann, um effektiv und ohne große Zeitverluste mit MAX zu arbeiten.

MitarbeiterInnen erhalten mit diesem Instrument individuell die Möglichkeit, ihren Kurswert zu erfahren und entsprechend zu beeinflussen. Die Daten jedes Einzelnen werden nicht veröffentlicht. Lediglich der jeweilige Teamleader hat Zugang zu den Kurswerten seiner Teammitglieder, um sie entsprechend in den TIX, den «Team-Index», einfließen zu lassen.

1.5 TIX – der «Team-Index»

Da bei uns im «Schindlerhof» der Teamgeist höchste Priorität besitzt, ist es keineswegs damit getan, die individuellen Werte ausschließlich dem entsprechenden Player zuzuordnen und es damit gut sein zu lassen. Jetzt kommt deshalb der Team-Index (TIX) ins Spiel. Der TIX errechnet sich aus der kumulierten Summe aller Player-Indices des entsprechenden jeweiligen Teams. Zusätzlich zu diesem Durchschnittswert werden noch vier weitere Parameter für die Team-Indices berücksichtigt:

1. Reklamationskosten des jeweiligen Teams,
2. Einhaltung der Umsatzziele,
3. Einhalten der Zielkosten,
4. Fluktuation.

(Diese Faktoren werden ab Seite 76 in ihrer Wirkungsweise näher durchleuchtet.)

Aufgrund der Tatsache, dass die Durchschnittswerte aller Mitarbeiter als Basis für den TIX herangezogen werden, ist nun jeder unserer Player direkt für den Kurswert seines Teams mitverantwortlich – die Beeinflussung des TIX kann sowohl im positiven als auch im negativen Sinne erfolgen.

Die Team-Indices werden monatlich an allen Weißwandtafeln im Vergleich kommuniziert. Sollte also ein Team weniger gut dastehen, nur weil ein einzelnes Mitglied nicht ausreichend an sich arbeitet, so hat dies zwangsläufig zur Folge, dass dieser Player von seinen engsten Kollegen zu mehr Selbstdisziplin und Aktivität ermuntert wird. Jedes Team erhebt natürlich für sich – als Gemeinschaft – den Anspruch, nicht an letzter oder vorletzter Position zu stehen, sondern mindestens im Mittelfeld, wenn nicht an der Spitze. Das ist nicht anders als bei einem Sportteam.

Stellen Sie sich nur vor, die gesamte Mannschaft ist zum Abstieg in die Holzklassenliga verurteilt, nur weil der Torhüter nicht in der Lage ist, die einfachsten Bälle zu halten. Da gäbe es auch nur zwei Möglichkeiten: Entweder wird er sofort ausgewechselt oder aber er bekommt von seinen Teamkollegen so viel Druck, dass er sich zukünftig wieder mehr anstrengt. Und wenn sein Gruppenzugehörigkeitsgefühl nur stark genug ausgeprägt ist, wird er sich aufgrund der Gespräche mit seinen Teamplayern deutlich mehr Mühe geben, denn «wenn der Ruf der Gruppe bedroht oder herausgefordert wird, wird der Einzelne ihn immer, selbst unter großem persönlichen Einsatz, verteidigen». So skizziert Leon Mann die Einstellung zur Mitgliedschaft einer Gruppe bzw. eines Teams.

Exkurs: Hochleistungsteam

Welche Faktoren machen denn eigentlich Hochleistungsteams aus? Diese Frage ist recht simpel zu beantworten:

In einem Hochleistungsteam – wie zum Beispiel dem unseres «Schindlerhofs» – muss jeder zunächst zu der Erkenntnis gelangen: «Ich bin allein.» Natürlich ist man nicht wirklich allein, aber man muss eben lernen, Verantwortung zu übernehmen, und natürlich muss man auch zu seinen Fehlern stehen. Weiterhin muss man erkennen, dass man stets und immer «sein Bestes geben muss». Das ist ja wohl die Grundvoraussetzung, um Spitzenleistungen zu vollbringen ... Zudem muss jeder wissen: «Teams sind immer nur so stark wie das schwächste Glied in der Kette!» Dennoch treten Teams nach außen immer mit einer geschlossenen Leistung auf.

Mit einem spielerischen Instrument wie dem **MAX** wird also auf diese Weise eine Gruppendynamik entwickelt, die unseren hedonistischen Anspruch an unsere Arbeit – sie als Lust statt Last zu empfinden – konsequent unterstützt!

1.6 CIX – der «Community-Index»

Die Team-Indices werden schlussendlich einem Aktien-Pool – dem Community-Index (CIX) zugeführt. Dieser errechnet sich analog zum TIX. Auch für den CIX greifen noch weitere, zusätzliche Parameter, die im Kapitel 2 (ab Seite 81) ausführlich beschrieben werden.

Dieser Index, der ebenfalls monatlich veröffentlicht wird, gilt für das gesamte Unternehmen und dokumentiert seine von Individualisten geprägte Leistungsfähigkeit in ihrer ganzen Perfektion.

2. MAX wird erwachsen – MAX als innovatives Führungs- und Motivationsinstrument

2.1 Unternehmensphilosophie «Schindlerhof»

Die traditionelle Weisheit lehrt uns, dass Arbeit im Wesentlichen drei Funktionen erfüllt:

1. Sie gibt jedem einzelnen Teammitglied die Gelegenheit, seine Möglichkeiten voll zu nutzen und zu entwickeln.
2. Sie ermöglicht es dem Menschen, seinen angeborenen Egoismus zu überwinden, indem sie oder er mit anderen zusammen eine gemeinsame Aufgabe angeht.
3. Sie erzeugt die Produkte und Dienstleistungen, die wir alle zu einem angemessenen Leben benötigen.

Diese Grundsätze müssen einem jeden Teamplayer nicht nur vermittelt, sondern beigebracht werden. Jeder wird begreifen, Teil eines Ganzen zu sein. Es ist die Aufgabe der Führungsmannschaft, allen MitunternehmerInnen zu veranschaulichen, dass ein Unternehmen wie ein gutes Uhrwerk funktioniert. Die Uhr wird nur dann fehlerfrei laufen und die richtige Zeit anzeigen, wenn alle Rädchen exakt ineinander greifen.

Exkurs: Urlaub – eine heilige Kuh?

Kürzlich sprach Prof. Alexander Doderer davon, dass auf den Weiden unseres Landes Heerscharen heiliger Kühe genüsslich grasen. Eine der heiligsten dieser Kühe muss wohl der Urlaub sein.

Was unterscheidet nun Urlaub von Arbeit? Dabei sollte zunächst geklärt werden, was überhaupt Urlaubszeit ist. Jedenfalls keine Arbeitszeit.

Obwohl Urlaub oftmals viel Geld kostet, Nervenverlust und Stress bedeutet, ist er doch scheinbar Ich-Zeit. Zeit, die ich exklusiv für mich selbst verwende und für meine Familie – sofern vorhanden. Was ist also Arbeit? Da läge der Schluss nahe: Wenn Urlaub als Synonym für Ich-Zeit steht, ist Arbeit eben Nicht-Ich-Zeit. Oder sogar Gegen-mich-Zeit?

Offensichtlich wird hierbei jedenfalls der klassisch deutsche Ansatz: strikte Trennung von Arbeit und Freizeit. Führende Persönlichkeiten sind sich einig: Diese Kuh ist schlachtreif. Auf internationaler Ebene halten die deutschen Urlaubstage und die zahlreichen Feiertage keinem Wettbewerb stand. Diese machen in Summe in Deutschland nahezu drei Monate aus, das heißt, dass ein durchschnittlicher Arbeitnehmer von zwölf Monaten im Regelfall nur etwa neun im entsprechenden Job arbeitet. Das kann langfristig nicht gut gehen. Sollte es nicht vielmehr heißen: Urlaub (Freizeit) ist dann, wenn die Arbeit getan ist? Diese Einsicht setzt natürlich ein gewisses Maß an unternehmerischer Denkweise voraus.

Es erhebt sich nun die Frage, woher diese krasse Trennung in Arbeits- und Nichtarbeitsleben rührt. Warum also empfinden wir Arbeitszeit als so außerordentlich unangenehm, Freizeit hingegen als das glatte Gegenteil davon? Haben wir denn gar keine Freude mehr an wertschöpfender Arbeit? Streben wir nur noch nach der sozialen Hängematte, in der wir selig beruhigt den nächsten Sundowner schlürfen können? Sorglos und unbekümmert ...

Ist es nicht so, dass uns – natürlich auch stark geprägt durch die politische Orientierungslosigkeit der letzten Jahre und die sozialen Ängste der Unter- und Mittelschicht – bisweilen der Enthusiasmus, die Begeisterung und das Durchhaltevermögen nahezu gänzlich fehlen?

So kann es nicht weitergehen. Wir müssen wieder zu dem Bewusstsein gelangen, dass Konjunktur nicht einfach da ist. Nein, ganz im Gegenteil: Wir machen die Konjunktur. Wir müssen unserer passiven Haltung entkommen und uns wieder leidenschaftlich erfüllt dem Gelernten und der uns übertragenen Verantwortung widmen. Wir müssen uns klar mit unserem Job und den uns gestellten Aufgaben identifizieren. Wir brauchen den Blick in den Spiegel. Wir brauchen die Arbeit eines jeden Einzelnen an sich selbst. Wir brauchen das Verantwortungsbewusstsein und die Selbstdisziplin unserer MitunternehmerInnen, sodass wir der kühlen Brise der Wirtschaftslage gelassen die Stirn bieten können.

Hierzu bedarf es allerdings einer totalen Transparenz im Unternehmen: Zahlen, Fakten und Ziele müssen klar definiert und zeitnah an das komplette Team kommuniziert werden. Nur wer über die Soll- und Ist-Zustände bedingungslos Bescheid weiß, wird zukünftig bereit sein, sich voll und ganz mit dem Unternehmen, dessen Grundsätzen und Werten zu identifizieren.

2.1.1 Das Unternehmensleitbild

Jeder Unternehmer sollte sich vor Aufnahme seiner Tätigkeit Gedanken darüber machen, wohin er sein Unternehmen steuern will, ähnlich einem Skipper, der zuerst einmal wissen muss, welchen Hafen er ansteuert, bevor er sich um die nächsten zehn zu fahrenden Seemeilen sorgt. Das Unternehmensleitbild kann wie eine Route betrachtet werden, welche die Leitlinien vorgibt, innerhalb derer es unser Unternehmensschiffchen, die «MS Unternehmen», zu navigieren gilt. Wenn wir mit dem Sextanten unseren Ort bestimmt haben und den Zielort wissen, können wir die Linie festlegen, entlang der wir schippern. Sie ist die Ideallinie; links und rechts davon können wir uns bewegen, wenn es Witterung und Untiefen erfordern – aber wir folgen dieser Ideallinie.

Zu den Inhalten einer Unternehmensphilosophie gehören in jedem Fall der Unternehmenszweck und die Wertvorstellungen, ebenso wie Verhaltensnormen und -muster. Sie untermauern die charakteristische Kompetenz und das jeweilige Wertesystem.

Werte und Verhaltensnormen müssen als eng verbundene Einheit betrachtet werden. Das hat Folgen: Das Unternehmen muss in jedem Fall darauf achten, dass alles, was mit dem Leitbild nach außen kommuniziert wird, auch eingehalten und vor allem aktiv gelebt wird, gegenüber den Kunden, externen und internen, gegenüber der Umwelt (Umweltbewusstsein) und gegenüber den Mitarbeitern.

2.1.2 Denkweise «Schindlerhof»

Und so sieht das im «Schindlerhof» aus:

Denkweise

* Wir konzentrieren uns darauf, in einem wichtigen Geschäftsbereich die S p i t z e – *state of the art* – zu sein.
* Wir erfüllen die hohen Ansprüche unserer Zielgruppen *ohne* Einschränkungen. Aufmerksame Freundlichkeit mit Herz bestimmt die Einmaligkeit unseres Service.
* Unser Unternehmen ist der Ort für leistungsorientierte, karrierebewusste und unternehmerisch denkende Menschen, denen wir sehr viel Freiheit einräumen.
* Spaß bei der Arbeit und Freude an den Ergebnissen beflügeln unser Tun.
* Das persönliche Wachstum unserer Mitarbeiterinnen, Mitarbeiter und das aller an unseren Kernprozessen Beteiligten liegt uns am Herzen.
* Unsere Vision von Harmonie lässt uns immer liebevoll miteinander umgehen – wohl wissend, dass eine kreative Spannung förderlich ist.
* Die ständige Herausforderung, uns selbst zu führen und unsere Fähigkeiten zu erweitern, lässt uns hoch gesteckte Ziele erreichen.
* Der Aufbau einer lernenden Organisation verpflichtet uns zu außergewöhnlichem Engagement und Innovation.
* Wir verfolgen hohe Ziele für den «Schindlerhof» und unsere Familie.
* Unsere Vision von Freiheit verlangt auch finanziell größtmögliche Unabhängigkeit, die wir als Verantwortung begreifen.
* Der «Schindlerhof» ist unser gemeinsames Lebenswerk und bleibt Eigentum unserer Familie.

Dezember 2000, Klaus Kobjoll

2.1.3 Unsere Werte und Verhaltensnormen

Aufbauend auf unserer Denkweise hat sich unsere Spielkultur entwickelt. Sie ist quasi die Basis, die die Spielregeln unseres Umgangs miteinander und natürlich auch im täglichen Umgang mit unseren Gästen und Lieferanten lebbar werden lässt. Nachfolgend zehn Grundsätze, die unsere Spielkultur maßgeblich prägen:

1. Der «Schindlerhof» will das Erlebnis ermöglichen. Unsere Gäste sollen nicht nur zufrieden, sie sollen begeistert sein. Freude, Harmonie und Freiheit sind das Wertefundament fürs tägliche Miteinander-Leben und fester Bestandteil unserer Unternehmens-Sinn-Vision.

2. Wir führen unser Unternehmen ehrlich, zuverlässig und fair. Dabei orientieren wir uns an Menschlichkeit, Liberalität und Toleranz. Die persönliche Entfaltung von Einmalig- und Einzigartigkeit macht Arbeit bei uns schöpferisch und produktiv. Gemeinsam schaffen wir Werte und neue Ziele. Wir garantieren die freie, ungehinderte Entfaltung aller Menschen und Unternehmen, mit denen wir in Verbindung stehen. Aus dieser partnerschaftlichen Wertschätzung leiten wir den Anspruch auf die Entfaltung des «Schindlerhofs» ab.

3. Den hohen Ansprüchen unserer Gäste stellen wir uns ohne Einschränkung. Mit unseren Leistungen gewinnen wir das Vertrauen der Gäste nicht nur, sondern behalten es auch. Daher gehen wir auf ihre Wünsche und Sorgen ständig ein und nehmen unsere Umgebung bewusst durch die Augen unserer Gäste wahr. Im «Schindlerhof» bestimmt der Gast die Öffnungszeiten, und wir wissen, dass er auch unsere Gehälter zahlt. Mit Kundenzufriedenheitsgesprächen, Stammkundenbefragungen und Beurteilungskärtchen verschaffen wir uns ein permanentes Echo. Reklamationen sind Chancen für Verbesserungen.

4. Wir erfüllen unsere gesellschaftliche und soziale Verpflichtung. Für die Umwelt, in der wir leben, stellen wir nicht nur einen wirtschaftlichen, sondern auch einen geistigen und sozialen Wert dar. Daher mehren wir das Wohl unserer Gäste und Geschäftspartner, Lieferanten, Banken und Behörden, der Öffentlichkeit und vor allem unserer MitunternehmerInnen (= MitarbeiterInnen). Durch den Nutzen, den wir bieten, genießen wir höchste Anerkennung.

5. Wir bekennen uns zu unserer Umwelt-Verantwortung. Daher fördern wir das Verhältnis für ökologische Zusammenhänge und tragen mit konkreten Maßnahmen zu einer lebenswerten Zukunft bei: bei allen unternehmerischen Entscheidungen, bei Investitionen und im Alltag. Wir fördern mit unserer kreativ und lustvoll interpretierten Naturküche die Gesundheit unserer Gäste. Denn wir verwenden in unserem Restaurant nur frische Rohprodukte von hochwertiger Qualität aus dem saisonalen Angebot. Dabei vergewissern wir uns, dass alle Lebensmittel – weitestmöglich – tier- und umweltfreundlich erzeugt und nicht gentechnisch verändert sind. Wir ermöglichen unseren Gästen einen gesunden Aufenthalt. Alle Räume sind Lebens-Räume und wurden ausschließlich mit natürlichen Materialien und ohne Verwendung von umweltbelastenden Stoffen erstellt. Wir verpflichten uns weiterhin dem hohen Qualitätsanspruch und haben diesem unter anderem mit der Zertifizierung nach DIN ISO 9001 feste und verlässliche Standards verliehen. Hier halten Organisationshandbücher die einzelnen Prozesse verbindlich fest. Fehler in diesen Bereichen können wir nicht akzeptieren. Bei dem Versuch, neue Ideen und Verbesserungen umzusetzen, begegnen wir Fehlern dagegen mit großer Toleranz.

6. Wir verfolgen gemeinsame und gemeinsam erarbeitete Unternehmensziele. Daher beschäftigen wir in allen Bereichen die besten und fähigsten MitunternehmerInnen der gesamten Branche. Freundlichkeit, Kreativität, Flexibilität, Leistungsbereitschaft und

Fachwissen sind beispielhaft. Da alle MitunternehmerInnen am Erfolg des Unternehmens teilhaben, erzielen sie höchste Anerkennung und Einkommen. Die wirkliche Delegation von Verantwortung und Aufgaben ermöglicht auch den Inhabern Renate und Klaus Kobjoll Freiräume und Lebensqualität. Bei Auswahl und Schulung unserer Auszubildenden legen wir elitäre Maßstäbe an. Jedes Teammitglied erhält die Möglichkeit zur persönlichen und beruflichen Weiterbildung. Somit wird das Unternehmen zur geistigen Heimat, in der alle MitunternehmerInnen ihre Persönlichkeit entfalten können. Bei aller Arbeit gilt: So viel Individualität wie möglich und zur Zielerreichung so viel Konformität wie nötig.

7. Wir haben unser Unternehmen klar gegliedert und Verantwortungsbereiche abgesteckt. Durch Gewähren eines großen Entscheidungsspielraums fördern wir die Kreativität und die schöpferische Kraft unserer MitunternehmerInnen. Jede/r darf bedingt Fehler machen, wenn sie/er Lehren daraus zieht. Transparenz und umfassende Information untereinander sind sichergestellt. «High Trust», das heißt Vertrauen, Freundschaft und gegenseitiges Verständnis, bestimmt das Zusammenleben und -arbeiten im Team.

8. Wir streben als «Schindlerhof» folgendes Image an: Wir bleiben jung, fröhlich, bieten Außergewöhnliches und Erstklassiges. Wir setzen Trends. Zwischen unserem hohen Anspruch und unserer tatsächlichen Leistung besteht kein Unterschied. Unser Erscheinungsbild nach innen und außen ist geschlossen.

9. Wir erzielen einen Gewinn, der das Unternehmen unabhängig macht, ein Wachstum entsprechend der Unternehmensziele ermöglicht, die Sicherheit unserer MitunternehmerInnen garantiert, neue Arbeits- und Ausbildungsplätze schafft und damit das Unternehmen langfristig sichert.

10. Wir wollen den Erfolg, denn: Ohne Erfolg wenig Freude. Unsere Mitbewerber nehmen wir trotzdem ernst. Es macht Spaß, unsere

Leistungen an ihren zu messen. Nicht nur gegenwärtig, sondern auch mittel- und langfristig schaffen wir Raum für die erfolgreiche Weiterführung unseres Unternehmens.

Die Intention der Implementierung des **MitarbeiterAktienindeX** spiegelt sich deutlich in den Werten und Verhaltensnormen der Denkweise sowie den Grundsätzen der Spielkultur in Bezug auf Mitarbeiter und Mitarbeiterführung.

Hier ist verankert, dass der «Schindlerhof» ein Ort der Verwirklichung für karriereorientierte Mitarbeiter ist, die mit Spaß an der Arbeit gemeinschaftlich bemüht sind, die hohen Unternehmensziele und Erwartungen der erlesenen Klientel zu erreichen, besser noch zu übertreffen.

Viel Freiheit erzieht zu unternehmerisch denkenden Mitarbeitern, die die ständige Herausforderung, sich in einem kreativen Spannungsfeld selbst zu führen, als kontinuierlichen Weiterentwicklungsprozess innerhalb einer lernenden Gesamtheit begreifen.

Hier schließt sich der Kreis zum **MAX**. Auch die Mitarbeiter-Aktie motiviert zu deutlich mehr Eigenverantwortung und Selbstbewusstsein.

2.1.4 Führungsgrundsätze im «Schindlerhof»

Kennen Sie solche Situationen? Chefs geben gewünschte Veränderungen bekannt, betonen Vorteile, beantworten ein paar Fragen, verschwinden wieder, stehen plötzlich auf der Matte, wenn sich zu wenig tut oder es nicht so läuft, und sind sofort mit Drohungen und Sanktionen zur Stelle.

So kann kein Vertrauen entstehen, so kann keine Führung funktionieren. Gemäß dem nachfolgenden Schaubild existieren vom Grundsatz her fünf Aufgaben, die Führung erfüllen muss:

Im «Schindlerhof» haben wir zusammen mit unserer Führungsmannschaft diese Grundsätze für uns neu definiert und entsprechend mit Inhalten gefüllt. Diese Grundsätze für unser Denken
und Handeln wurden in der vorliegenden Form von unseren MitunternehmerInnen im September 1999 erarbeitet:

1. Wir sind begeisterungsfähig mit Lust auf Leistung.
2. Wir zeigen Herzlichkeit aus innerer Überzeugung und pflegen einen liebevollen Umgang mit internen und externen Kunden.
3. Wir arbeiten mit klaren und für alle Beteiligten verständlichen Zielen.
4. Wir akzeptieren den anderen und dessen Arbeitsweise (dies
   bedeutet Respekt ohne Hierarchie) im Rahmen unseres Wertesys-
   tems und unserer Ziele.
5. Wir erbringen eine überdurchschnittliche, professionelle Leistung, gefördert durch berufliche und persönliche Weiterbildung.
6. Wir haben die Fähigkeit zu Innovation und engagieren uns mit Lust
   und Freude bei Veränderungen und laufenden Verbesserungen.

7. Wir fördern mit Selbstdisziplin eine Verantwortungsbalance (= Verantwortung von Führung zu Führung – Verantwortung von Führung zum Mitarbeiter – Verantwortung von Mitarbeiter zu Mitarbeiter).

8. Wir gehen förderlich mit konstruktiver Kritik um. Dies zeigen wir durch Kritikbereitschaft und Kritikfähigkeit.

9. Wir gestalten unser Miteinander und Füreinander klar und konsequent, offen und ehrlich.

2.1.5 Stimmung im «Schindlerhof»

Viele vertreten ausschließlich den Standpunkt: «Wissen ist Erfolg.» Dies gelte speziell für kleine und mittlere Unternehmen, die so genannten KMUs.

Die rasante Ausbreitung der Informations- und Kommunikationstechnologien, der steigende Konkurrenzdruck und die zunehmende Globalisierung der Wirtschaft mache Wissen zunehmend zu einem der entscheidendsten Produktions- und Erfolgsfaktoren.

Zugegebenermaßen ist es eine Tatsache, dass die Halbwertzeit von Wissen immer kürzer wird. Einerseits werden immer mehr Informationen benötigt, um sich auf den Märkten zu behaupten, andererseits wird es immer schwieriger, die vorhandene Informationsflut zu beherrschen, die aus vielerlei Quellen strömt.

Natürlich dient Wissen ganz entscheidend den Unternehmenszielen, gleichgültig, ob man eine Maschine bedient, in der Forschung und Entwicklung sein Betätigungsfeld hat oder Kunden berät. Es geht um Wissen. Wissen stärkt die Wettbewerbssituation des eigenen Unternehmens und hilft dabei, die Zukunft zu sichern. Es wird zwar nicht in der Bilanz ausgewiesen, aber es wird zum nicht zu unterschätzenden Vermögenswert. Natürlich ist es eine diffizile und zugleich zentrale Aufgabe einer jeden Organisation, dieses Wissen schnell und möglichst unkompliziert nutzbar zu machen. In jedem Fall sind zwei Formen von Wissen zu unterscheiden: Faktenwissen (explizites Wissen) und Erfahrungswissen (implizites Wissen). Während sich Faktenwissen recht zügig in Gesprächen, auf Seminaren oder auch aus Büchern aneignen lässt, sieht es mit dem Erfahrungswissen der Mitarbeiter schwieriger aus. Es lässt sich kaum in Worte fassen.

Neben allem Wissen und aller Wissensvermittlung zählt ganz entscheidend die Stimmung innerhalb des Unternehmens:

Die Stimmung im Unternehmen ist wichtiger als jedes Wissen oder Kapital.

Dennoch muss Wissen als Basis vorhanden sein. Daher setzen wir auch auf unsere Schindlerhof-Akademie. Auch wir fördern unsere Mitarbeiter. Dabei fordern wir aber auch.

2.1.6 Die Schindlerhof-Akademie

Weiterbildung ist ein wichtiger Baustein unseres Mitarbeiterprogramms. Unsere Mitarbeiter besuchen an über 60 Terminen rund 40 unterschiedliche Seminare. Und wir sprechen hier nicht nur von reinen Fachseminaren, wie Wein-, Whisky- oder Kaffeeschulung, wie Sie es jetzt wahrscheinlich erwarten würden. Nein, im Angebot sind auch hochkarätige Management-Seminare, die teilweise vier Tage dauern und einige tausend Euro kosten. Wir übernehmen sämtliche Kosten für das Seminar; der Mitarbeiter muss allerdings im Gegenzug dazu seine Freizeit opfern.

Mit dieser Regelung möchten wir nur erreichen, dass die Mitarbeiter sich ganz genau Gedanken darüber machen, ob sie ein Seminar wirklich besuchen wollen oder nicht. Würden alle Weiterbildungen reguläre Arbeitszeit darstellen, dann wäre es den meisten Mitgliedern unseres Ensembles möglicherweise eine willkommene Abwechslung, sich mal eben einige Tage in ein Seminar zu setzen, Mittagessen inklusive. Da nun aber Freizeit und/oder Urlaub geopfert werden muss, wägen die meisten genau ab, ob dieses spezielle Seminar für sie ganz persönlich Sinn macht oder nicht. Sinn machen in jedem Fall folgende Aussprüche:

Für Weiterbildung gibt es keinen Sättigungspunkt.

Weiterbildung ist wie Rudern gegen den Strom: Wer einen Ruderschlag aussetzt, der treibt bereits zurück.

Unsere Damen und Herren machen regen Gebrauch von unserer Schindlerhof-Akademie und sammeln in Folge kräftig Pixel-Punkte für ihren individuellen **MitarbeiterAktienindeX**.

Hier ein Auszug aus unseren «10 Geboten» für die Schindlerhof-Akademie:

Spielregeln Schindlerhof-Akademie

1. Jeder von uns hat ein gewisses Pflichtprogramm im ersten «Schindlerhof»-Jahr zu absolvieren, wie zum Beispiel
   - Denkweise «Schindlerhof»
   - Telefontraining
   - Führungskräfte-Energie oder Unternehmer-Energie (je nach Position; alternativ: internes Teamseminar)
   - Umweltschulung
   - Feuerwehrübung
   - Belehrung zum Infektionsschutz (für Köche)
2. Der «Schindlerhof» verpflichtet sich, die Kosten der angebotenen Seminare zu übernehmen.

3. Der Mitarbeiter verpflichtet sich, die Seminare in der Freizeit zu besuchen.

4. Seminare (ausgenommen Pflichtseminare) gelten erst nach einem halben Jahr als eingebrachte Leistung. Scheidet ein Mitarbeiter innerhalb eines halben Jahres nach dem Seminar aus, so sind 50 Prozent der dem Unternehmen entstandenen Seminargebühr an den «Schindlerhof» zu bezahlen (fachliche Seminare sind davon nicht betroffen). Mitarbeiter, die bereits gekündigt haben, dürfen an keiner Weiterbildungsmaßnahme mehr teilnehmen.

5. Jeder meldet sich schriftlich.

6. Jeder beantragt im Vorfeld «frei» bei seinem Teamleader.

7. Jeder Teamleader verpflichtet sich, die genehmigten freien Tage in der Dienstplanung zu berücksichtigen.

8. Die Seminarteilnahme wird mit einem Zertifikat bestätigt.

9. Seminartermine werden möglichst sechs Wochen vorher angekündigt (Ausnahme – fachliche Termine im Restaurant).

10. Jeder muss sich der Verantwortung bewusst sein, dass er auf externen Seminaren stets den «Schindlerhof» repräsentiert.

Aber dennoch ist eines sicher: Die innere Stimmung eines Unternehmens, also der Umgang aller Kollegen und Führungskräfte miteinander, reflektiert automatisch nach außen. Ihre Kunden werden schnell merken, ob Ihren Mitarbeitern zum Lachen zumute ist oder nicht. Denn bekanntlich kann nur der lachen, dem auch zum Lachen zumute ist. Diese natürliche Herzlichkeit, dieses Lächeln und Strahlen, können Sie mit Geld nicht kaufen.

2.1.7 TUNE

Der Markt ist übersättigt mit Unternehmen, die gleichartige Produkte in ähnlicher Qualität zu ähnlichen Preisen anbieten. Wie differenziert man sich also am Markt? Wie erreicht man also *den*

Wettbewerbsvorteil? Ganz einfach: Wettbewerbsdifferenzierung durch Servicequalität. Dabei ist der Sound, die Stimmung im Unternehmen, das entscheidende Erfolgskriterium.

Unser Instrument TUNE zeigt, wie sich der Sound im Lebenszyklus eines Unternehmens ändert und was Führungskräfte machen müssen, um den Sound ihrer Mitarbeiter und damit ihr Unternehmen zu verbessern.

Das Akronym TUNE ist nicht einfach eine alberne Wortspielerei, sondern weist darauf hin, dass das wichtigste Reservoir eines Dienstleistungsunternehmens aktiviert werden muss: die gute Atmosphäre, die unter allen Mitarbeitern besteht und die auf unsere Gäste ausstrahlen soll. Da das Thema bereits im Buch von Klaus Kobjoll «TUNE – Neue Wege zur Kundengewinnung und -bindung» behandelt wird, sollen hier nur – sozusagen als Appetizer – die wichtigsten Grundgedanken vorgestellt werden und, vor allem, wie wir überhaupt darauf gekommen sind.

Die ersten Überlegungen kamen übrigens bei einem Beraterbesuch zustande und mündeten in ein abendliches Brainstorming. Wir hatten nämlich unseren beiden externen Beratern vor dem Einchecken in ihren Zimmern als kleine Überraschung eine Hand voll gelber Post-it-Zettelchen an verschiedenen Stellen hinterlassen. Eine unsere Führungskräfte hatte sich die Mühe gemacht und lockere Sprüche darauf geschrieben: «Was, schon wieder ein Bier», klebte ein Zettelchen auf der Minibar, «Den seinen gibts der Herr im Schlaf», lag ein anderes auf dem Kopfkissen. Wir wollten einfach einmal etwas anderes machen als die persönlich geschriebene Begrüßungskarte oder das kleine Willkommensgeschenk auf dem Zimmer.

Natürlich mussten unsere beiden Stammgäste schmunzeln. Und als wir uns nach dem Einchecken noch zu einem Schlummertrunk trafen, flachsten wir noch ein wenig über die Sprüche. Aber schnell waren wir bei der professionellen Diskussion: Gab es Zettelchen, auf denen allzu saloppe Sprüche standen? War denn sonst im Zimmer alles in Ordnung, hat es mit dem Anschließen des PC an das Internet geklappt? Wie fandet ihr denn die Kerzen auf dem Rand der Badwanne? So saßen wir spätabends in unserem Restaurant, die meisten Gäste waren schon gegangen, und wir redeten immer weiter.

«Mal ehrlich», sagte einer unserer Schweizer Berater, «eure Willkommensüberraschung mit den Zettelchen funktioniert ja nur, wenn sonst im Zimmer auch alles stimmt. Ihr könnt noch so witzige Zettelchen platzieren – wenn das Bier nicht richtig gekühlt ist oder mein Laptop sich nicht sofort am Internet anschließen lässt, pfeife ich persönlich auf witzige Zettelchen.»

«Logisch», antworteten wir, «wenn Kunden überrascht und begeistert sind, dann treffen immer verschiedene Faktoren zusammen. Wir müssen es nur schaffen, dass die Mitarbeiter in jedem Moment merken, ob die Faktoren zusammenpassen – und dass sie befähigt werden, in diesem Moment auch ihr Verhalten feinfühlig auf die Situation anzupassen.»

Als wir uns fünf Wochen später wieder mit unseren Beratern trafen, brachten sie das neue Konzept mit. Damit alle Mitarbeiter sich die Faktoren möglichst einfach merken können, teilten wir sie in vier Gruppen ein:

T otal begeistert – oder: Touched by the Spirit
U nterstützt durch sichere, stabile Abläufe
N atürliches Wohlbefinden
E nergie

- Der Buchstabe T steht für «*T*otal begeistert» oder «*T*ouched by the Spirit». Spüren Kunden einen besonderen Geist, eine besondere Atmosphäre (Spirit), wenn sie mit einem Unternehmen im Geschäft sind oder als Gast zu Besuch sind?

- Der Buchstabe U heißt, das Kunden und Gäste bei ihrem Besuch, in der Auftragsabwicklung durch sichere, stabile Abläufe *u*nterstützt werden.
- Das N bedeutet *n*atürliches Wohlbefinden für die Kunden.
- Der Buchstabe E steht für *E*nergie, die die Kunden und Gäste im Kontakt mit dem Unternehmen bzw. seinen Mitarbeitern spüren sollen.

Wichtiger aber als ein einzelner Faktor ist das Zusammenspiel dieser vier Faktoren. Jeder von uns hat schon einen Konzertbesuch erlebt, wo alles gut ablief und alles in Ordnung war, wo man sich sehr entspannt und angenehm fühlte. Aber geknistert hat es dann doch nicht richtig. Der Funke ist nicht übergesprungen, heißt es dann in der Konzertkritik. Da war zu wenig T und E drin, sagen wir nach einem solchen Konzert.

Die Buchstabenfolge ergibt das englische Wort TUNE: *Tune* ist eines jener englischen «Mehrzweckworte» mit unterschiedlicher, ja schillernder Bedeutung. Es kann genauso Melodie bedeuten wie Gleichklang oder Einstimmung oder eben auch Feinabstimmung, auf jeden Fall also ein Begriff, bei dem es um atmosphärischen Wohl- oder Gleichklang geht. Daher drückt TUNE auch recht gut den Kern unseres Ansatzes aus: Es geht um das Feinabstimmen, eben um das Tunen von Momenten entlang der Servicekette mit unseren Kunden.

Und bleiben wir doch auch gleich beim Gleichnis vom Wohlklang: Die Stimmung ist der Sound entlang der Servicekette. Der Sound muss nicht immer gleich stark sein. Aber Kratzer und abrupte Übergänge dürfen nicht sein. Und spannende, einprägsame Passagen gehören dazu.

Unsere Führungskräfte waren von Beginn weg von TUNE begeistert. Sie hatten auf einmal ein leicht verständliches Instrument in der Hand, um mit ihren Mitarbeitern über das Feintunen von

Verhalten zu sprechen. TUNE ist ein leichtes, handliches Führungsinstrument. Dagegen ist das EFQM-Modell eine perfekte, aber schwere Toolbox.

In den vier Buchstaben steckt eine ganze Menge des EFQM-Modells, der Spirit, die Abläufe, die Kundenzufriedenheit, die Energie für Ergebnisorientierung. Aber alles ist vereinfacht und reduziert. Wir haben aus drei Kaffeekannen TQM einen doppelten Espresso gekocht – kleine Menge, konzentrierter Geschmack. Und damit wird TQM für jeden Mitarbeiter genießbar.

Und damit haben wir es in den letzten drei Jahren geschafft, dass das Thema Qualitätsmanagement im Alltag bei allen Mitarbeitern präsent ist. Und dazu brauchen wir kein neues Zaubermittel, kein neues modisches Management-Thema. Es geht um die Kunst, in einer Situation den richtigen Mix zu finden. Das ist altmodisch und innovativ zugleich. In unserem Hotel hat uns diese Vereinfachung auf jeden Fall genützt.

2.2 Premiere im «Schindlerhof»

Nachdem an der Fachhochschule Würzburg-Schweinfurt ein ausformuliertes Konzept für **MAX** fertig gestellt und alle Zutaten entsprechend geprüft sowie verabschiedet waren, konnten wir uns Mitte November 2002 in einer Start-up-Präsentation von der Professionalität der Umsetzung überzeugen. Unsere gesamte Führungscrew des «Schindlerhofs» entschied sich ausnahmslos für die Einführung des **MAX** ab Jahresbeginn 2003.

Uns war klar, dass die damalige Version ein am Reißbrett entstandenes, theoretisches Konstrukt darstellte. Auch wenn alle Parameter entsprechend sorgfältig errechnet und in ihren Gewichtungen ausgelotet wurden: Der Live-Betrieb sieht immer anders aus. Es kann im Vorfeld gar nicht alles berücksichtigt werden…

Gerade deshalb waren wir heilfroh, Markus Wiesmann, genau den Studenten, der neben Professor Dr. Scheiper federführend an der Entwicklung des MAX mitgearbeitet hatte, für ein Praxissemester hier bei uns im «Schindlerhof» zu gewinnen. Thema der sechs Monate war natürlich die Implementierung des MAX, Schulung der Mitarbeiter auf das System, Systempflege und eben alles weitere, was dazu gehörte.

Jetzt fing die Arbeit erst richtig an. Die theoretischen Überlegungen mussten entsprechend dem Live-Betrieb praxisfähig gemacht werden. Das war kein einfacher Job, aber Markus Wiesmann nahm das Feintuning der einzelnen Parameter und Gewichtungen wirklich professionell vor. Heute können wir sagen, dass wir eine ganz runde Sache im Einsatz haben.

Dennoch findet sich von Zeit zu Zeit auch weiterhin der eine oder andere Anpassungsbedarf. Aber das ist ganz normal und das ist auch gut so. MAX ist – und soll es auch bleiben – ein dynamisches, jederzeit an die (neuen) Rahmenbedingungen anpassbares Instrument der Mitarbeiterführung. Wir verstanden MAX von Anfang an als lernendes System und haben es so behandelt und schätzen gelernt.

2.3 Die Zutaten

Im folgenden Teil wollen wir unsere «Zutaten» vorstellen, aus denen sich der MitarbeiterAktienindeX zusammensetzt. Diese Faktoren, die die Basis der Bewertung unseres Teams bilden, sind nicht von Gott gegeben, sondern sehr sensibel auf die Bedürfnisse und speziellen Gegebenheiten im «Schindlerhof» abgestimmt und angepasst.

Unternehmen, in denen MAX implementiert werden soll, werden natürlich von uns begleitet und im Prozess der Erarbeitung der entsprechenden Parameter kompetent unterstützt. Schließlich verfolgt jeder Unternehmer mit der Einführung eines derartigen Tools andere Ziele.

Das Bemerkenswerte an **MAX** ist seine Flexibilität: Sämtliche Einflussfaktoren sind dynamisch an die jeweiligen Bedürfnisse unserer Auftraggeber anpassbar. Das muss auch so sein. Mit dem **MitarbeiterAktienindeX** erhält der Unternehmer eine Plattform, auf der alle Unternehmensziele – entsprechend verpackt und abstrahiert – dem gesamten Team Monat für Monat quasi automatisiert vor Augen geführt werden. Der Mitarbeiter muss sich somit neben den persönlichen Faktoren auch unweigerlich mit den Unternehmenszielen – die in das System integriert sind – auseinander setzen.

Dies hat zur Folge, dass der Denkprozess jedes Teamplayers praktisch von alleine kontinuierlich in die richtige Richtung geleitet wird.

Sicher wird nicht sofort das komplette Team alles anders machen als zuvor. Bekanntlich ist nichts schlimmer, als die uns so lieb gewonnene Komfortzone unserer langjährigen Gewohnheiten zu verlassen. Alles Neue mutet zunächst eher unbequem an.

Bedingt jedoch durch die Regelmäßigkeit, mit der sich die «Mitunternehmer» mit den ausgewählten Einflussfaktoren beschäftigen, wird sich zwangsläufig ein sensibleres Bewusstsein zugunsten der gewählten Faktoren etablieren.

Verstärkt werden wird dieser Prozess durch unseren noch aus Urzeiten stammenden Instinkt des Jägers und Sammlers. Jeder wird einen gesunden Ehrgeiz entwickeln und darauf bedacht sein, viele Pixel zu verdienen, um auf der Rangliste nicht auf letzter Position zu landen.

So ist auch dieser Effekt als klarer Erfolg zu werten. Sie haben es geschafft. Ihre Mitarbeiter setzen sich mit neuen Themen auseinander, Ihre Mitarbeiter erweitern spielerisch Ihren Horizont. Oder glauben Sie, dass alle Ihre Mitarbeiter spontan wissen, was der BMI (Body-Mass-Index; darauf kommen wir noch) bedeutet? Geschweige denn wie er sich errechnet ...?

Heute weiß im «Schindlerhof» jedes Teammitglied, dass – pauschal betrachtet – ein BMI von 20 bis 25 den Normalbereich, also ein vorteilhaftes Größe-Gewicht-Verhältnis für unseren Körper definiert. Dies nur als ein Beispiel von zahlreichen weiteren.

2.3.1 Aktive Arbeit mit dem Zeitplanbuch

Jedes neue Teammitglied muss im ersten Jahr seines «Schindlerhof»-Daseins einige Pflichtseminare im Rahmen unserer Schindlerhof-Akademie besuchen. Eines davon ist ein hochkarätiges Zeitmanagement-Seminar, in dessen Verlauf die Teilnehmer lernen, die ihnen zur Verfügung stehende Zeit zu optimieren, und zwar nicht nur die Arbeitszeit, sondern vor allem auch ihre private Freizeit.

Hintergrund hierbei ist, «Zeitdiebe» zu entlarven und die zur Verfügung stehende Zeit sensibel und sinnvoll zu planen und zu strukturieren. Dies geschieht mittels eines kostenlos zur Verfügung gestellten klassischen Zeitplaners in feiner Lederausführung oder – wenn gewünscht – mittels eines elektronischen Mini-PCs.

Die aktive Arbeit mit dem Zeitmanagementsystem basiert auf einer subjektiven Selbsteinschätzung eines jeden Mitarbeiters. Für **MAX** stehen lediglich zwei Antworten zur Auswahl. Ja oder Nein. Warum nicht ein «Gelegentlich»? Weil es ein paar Dinge im Leben gibt, die nur ein «Entweder-oder» zulassen: Frau kann ja auch nicht nur ein bisschen schwanger sein ... Also auch hier: Entweder ganz oder gar nicht ...

Bei kontinuierlichem, aktivem Einsatz des Zeitplanbuches wird jeder **MAX**-Teilnehmer mit einer Pixel-Gutschrift belohnt. War das Seminar umsonst, werden Pixel abgezogen.

Bei neuen Kollegen, die das traditionell im Januar stattfindende Seminar noch vor sich haben, gehen wir bis zu dessen Besuch davon aus, dass sie ganz sicher mit dem Zeitmanagementsystem arbeiten würden, wenn sie es nur hätten. Sie erhalten die gleiche Punktegutschrift wie ihre Kollegen, die effektiv mit ihren Zeitplanbüchern arbeiten. Somit gewähren wir quasi Vorschusslorbeeren, frei nach dem juristischen Prinzip «in dubio pro reo», also im Zweifel für den «Angeklagten» ...

Im Gegensatz zur Juristerei sitzt bei uns natürlich niemand auf der Anklagebank.

2.3.2 Abschreibung

Die Abschreibung ist sicherlich einer der provokativsten und strittigsten Parameter, die für das Hochleistungsteam des «Schindlerhofs» zur Anwendung kommen, aber zugleich einer der genialsten. Jedem Mitunternehmer wird monatlich ein Prozent seiner Pixelpunkte – jeweils gerechnet auf den Wert des Vormonats – abgezogen.

Hintergrund ist nicht etwa die Tatsache, dass unsere Mitarbeiter zum Anlagegut oder gar zum GWG – also einem geringwertigen Wirtschaftsgut – degradiert werden sollen. Nein, ganz im Gegenteil.

Mit der Abschreibung sollen die Mitarbeiter dahingehend sensibilisiert werden, dass sie sich eben nicht auf ihren verdienten Lorbeeren ausruhen können. Sie sollen lernen, unternehmerisch zu denken und sich dessen stets bewusst sein, dass sie Monat für Monat aufs Neue an ihrem persönlichen Wertverlauf arbeiten müssen. Ganz einfach: Wer nichts tut, der verliert kontinuierlich durch die zuvor definierte Abschreibung von einem Prozent. Daher müssen alle zusehen, ihrem monatlichen Wertverlust aktiv zu begegnen. Und mal ganz unter uns gesagt: Was ist denn schon ein Prozent?

Gehen wir einmal von der Basis von 1000 Pixeln aus, mit denen jeder startet, so sind das monatlich rund zehn Pixel Abzug. Das gleicht ein an Fortbildung interessiertes Teammitglied bereits mit einem Tag Weiterbildung oder zwei genehmigten Ideen wieder voll aus.

Das Schöne an diesem System ist, dass sich jeder Mitarbeiter selbst aussuchen kann, wo er Pixelpunkte sammeln will bzw. kann. Jedes Individuum ist geprägt durch die Erziehung, die Umwelt und seine ganz persönlichen Vorlieben. Durch **MAX** pressen wir niemanden in genau eine vorgegebene Richtung. Natürlich gibt es festgelegte Regeln. Aber innerhalb dieser Spielregeln billigen wir jedem Mitspieler die Flexibilität zu, sich nach seinen ganz individuellen Vorlieben und Fähigkeiten optimal zu positionieren.

2.3.3 KVP – Kontinuierlicher Verbesserungsprozess

Das Ideenmanagement genießt im «Schindlerhof» eine besonders herausragende Stellung. Jeder Teamplayer hat die Aufgabe, monatlich mindestens einen Verbesserungsvorschlag bei seinem jeweiligen Teamleader abzugeben. Auf Seite 49 ist eines unserer Ideenblätter dargestellt.

Die Führungskraft entscheidet darüber, ob die Idee des Mitarbeiters genehmigt wird oder nicht. Handelt es sich beispielsweise um eine größere Investitionssumme, so wird im DIM (Dienstagsmeeting der Führungskräfte) darüber beraten und abgestimmt. In jedem Fall aber erhält der Mitarbeiter eine zeitnahe Entscheidung mitgeteilt.

Wird die Idee genehmigt, so ist der Mitarbeiter selbst für die Umsetzung bzw. Realisierung der Idee verantwortlich. Für den Umsetzungsfahrplan einer Idee ist einer unserer Teamleiter immer kompetenter Ansprechpartner. Zur besseren Verdeutlichung unseres KVP-Prozesses soll das Flussdiagramm auf Seite 50 dienen.

Ideenblatt

So sieht die Sache jetzt aus:

_____

_____

Mein Veränderungsvorschlag dazu:

_____

_____

Die Veränderung bringt eine Verbesserung in den Bereichen:
(Mehrfachnennungen sind möglich)

☐ Zeitersparnis   ☐ Umweltfreundlichkeit
☐ Kosten/Geldersparnis   ☐ USP
☐ Erhöhung des persönlichen   ☐ Kundenzufriedenheit
   Wohlbefindens

Priorität   A   B   C

Kostenschätzung: ca. € _____

One-to-one-Marketing:
Die kleinen Schrullen und besonderen Vorlieben unserer Stammgäste und solcher, die es werden wollen:

Name: _____

Seine/Ihre Eigenheiten: _____

_____

Datum: _____
Ersteller: _____
Abteilung: _____

umgesetzt am: _____

_____

Prozess-Ideenblätter

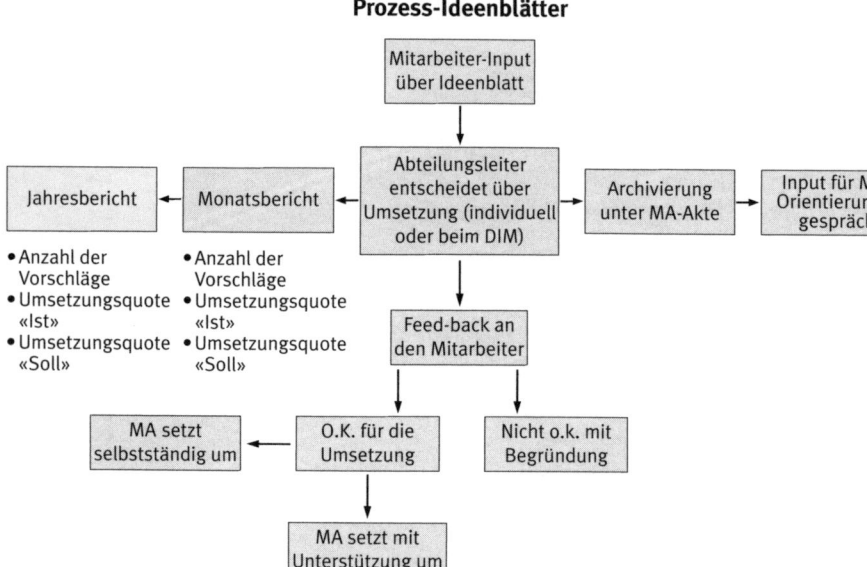

Jeder Mitarbeiter darf so viele Ideenblätter einreichen, wie er will. Das Einreichen wird zunächst pauschal mit nur zwei Pixeln Gutschrift honoriert, und zwar deswegen, damit nicht plötzlich alle wie die Wahnsinnigen völlig törichte Ideen abgeben, die ohnehin nicht umgesetzt werden. Werden eine oder auch mehrere dieser Ideen zur Umsetzung genehmigt, so erhält der Player pro Idee einen zusätzlichen Bonus von fünf Pixeln. Wohlgemerkt jetzt: *pro* genehmigte Idee. Das kann eine recht lukrative Angelegenheit werden, wenn jemand ein wenig mehr «Hirnschmalz» aktiviert, bevor er zum Griffel greift.

Im Rahmen der Einführung des **MitarbeiterAktienindeX** etablierten wir auch die «Idee des Monats». Das heißt, dass aus allen eingereichten und genehmigten Ideen einmal im Monat die Idee des Monats gekürt wird. Der glückliche Mitunternehmer, der diese Idee hervorgebracht hat, darf sich über zusätzliche zehn Pixel freuen. Mit dieser Zutat haben wir einen «Schindlerhof»-Rekord erzielt: Im Jahr 2003 wurden insgesamt 794 Ideenblätter eingereicht, mit einer sensationellen, zuvor noch nie erreichten Umsetzungsquote von 82 Prozent. Einzelheiten ersehen Sie aus der nachfolgenden Statistik.

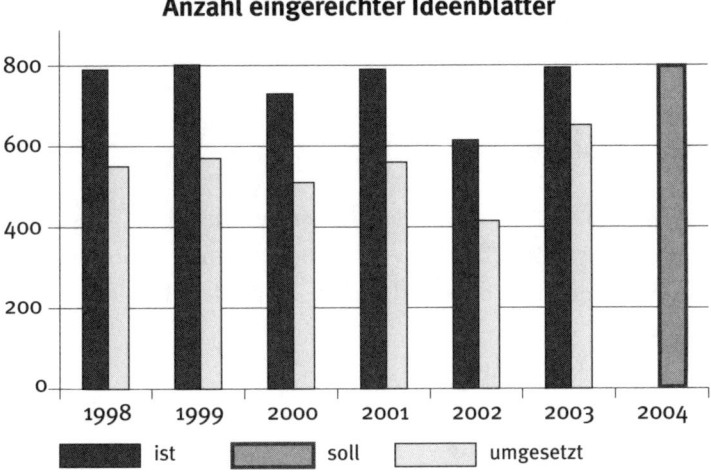

Anzahl eingereichter Ideenblätter

Nur der guten Ordnung halber soll hier noch einmal auf die «Schindlerhof»-Spielregeln beim KVP hingewiesen werden:

*   Jedes Teammitglied ist verpflichtet, mindestens ein Ideenblatt pro Monat unaufgefordert bis zum Monatsende bei seinem Teamleader abzuliefern.

*   Wer dieser Spielregel nicht nachkommt, ist nach erfolgter fruchtloser Hilfestellung, also nach nicht genutzter zweiter Chance, gesperrt für Gehaltserhöhungen, Beförderungen und individuell gewünschte Weiterbildungsmaßnahmen.

Dass sich ein aktives Ideenmanagement auch in bare Münze auszahlt, ging aus einer Umfrage des Deutschen Instituts für Betriebswirtschaft (dib) hervor. Demnach hat die Siemens AG im Jahr 2003 am meisten vom Einfallsreichtum ihrer Mitarbeiter profitiert.

Aufgrund der eingereichten Verbesserungsvorschläge erzielte sie eine Einsparung von 197 Millionen Euro. Im Jahr 2002 waren es noch 30 Millionen weniger. Gerechnet auf die Anzahl der Mitarbeiter ergibt sich rechnerisch eine Einsparung von 1894,00 Euro pro Kopf.

2.3.4 Fehlerquote

Die persönliche Fehlerquote wird entsprechend unseres Führungsgrundsatzes in Bezug auf Vertrauen für unsere MitunternehmerInnen durch Selbsteinschätzung ermittelt. Hier stehen zur Auswahl:

• nahezu kein Fehler
• geringe Fehlerquote
• mittlere Fehlerquote
• hohe Fehlerquote

Zunächst dachten wir, die Mitarbeiter schätzten sich in der Regel mit einer niedrigen Fehlerquote ein. Denn wer gibt schon gerne eigene Fehler zu und lässt sozusagen die Hosen runter? Weit gefehlt.

Bereits nach kaum drei Monaten, also im März 2003, zeigte sich, dass wir total daneben lagen. Unsere Damen und Herren hatten sehr wohl mittlere und hohe Fehlerquoten angekreuzt, ein schöner Beweis dafür, dass Mitarbeiter in den meisten Fällen zu einer sehr sensiblen Selbstanalyse fähig sind. Ohne **MAX** macht das doch auch jeder, nur eben ausschließlich für sich selbst. Von jetzt an sind Mann und Frau dazu angehalten, konsequent in den Spiegel zu blicken und den vergangenen Monat nochmals Revue passieren zu lassen. Gleichwohl herrscht auch bei **MAX** das Vier-Augen-Prinzip. Alle Angaben, die ein Mitarbeiter tätigt, werden von der direkten Führungskraft gegengecheckt und genehmigt oder geändert. Schließlich kann sich jede(r) einmal irren. Jedoch hat es erstaunlich wenige nachträgliche Änderungen oder gar Diskussionen wegen vorgenommener Korrekturen gegeben.

Wir halten im «Schindlerhof» auch am Führungsgrundsatz der Fehlerfreundlichkeit fest. Das bedeutet, dass niemand Angst zu haben braucht, einen Fehler einzugestehen bzw. zuzugeben. Mit dem offenen Umgang von Fehlern schützen wir doch letztlich auch unsere Kollegen, nicht den selben Fehler zu begehen.

Verstehen Sie diesen Grundsatz aber bitte nicht falsch: Wir verstehen uns als lernende Organisation. Daher bieten wir Fehlerfreundlichkeit, verzichten allerdings auf Fehlerhäufigkeit. Somit sollte ein bereits begangener Fauxpas nicht wiederholt werden und kann nicht einfach toleriert werden.

2.3.5 Die Beurteilungsspinne

Jährlich finden im «Schindlerhof» mit jedem Mitarbeiter zwei Orientierungsgespräche statt, darunter ein großes, sehr ausführliches, das jeder Teamleiter zusammen mit seinen Teammitgliedern durchführt. Zur Unterstützung dient dabei die so genannte Beurteilungsspinne. Folgende Spielregeln gelten für dieses Orientierungsgespräch:

The Rules

1. Der Mitarbeiter erhält vom Abteilungsleiter die Unterlagen zum Orientierungsgespräch. Die Kriterien und die Vorgehensweise werden gemeinsam besprochen, damit Einigkeit über deren Bedeutung besteht.
2. Der Mitarbeiter füllt die Beurteilungsspinne nach seiner Einschät-

zung mit einem blauen Stift aus und übergibt die Unterlagen dem Abteilungsleiter.

3. Der Abteilungsleiter füllt die Beurteilungsspinne nach seiner Einschätzung unter Verwendung eines roten Stifts aus.

4. Das Orientierungsgespräch findet statt, und die Ergebnisse werden formuliert. Liegt bereits aus dem letzten Jahr ein Orientierungsgespräch vor, so wird dieses mit berücksichtigt.

5. Das Original verbleibt im Teamordner, der Mitarbeiter erhält auf Wunsch von seinem Teamleiter eine Kopie der Ergebnisspinne.

Die einzelnen Faktoren werden gemäß dem deutschen Schulnotensystem (1 = sehr gut; 6 = ungenügend) bewertet. Abweichungen in der Bewertung zwischen Mitarbeiter und Abteilungsleiter werden ausdiskutiert.

Wie sieht die Beurteilungsspinne aus? So:

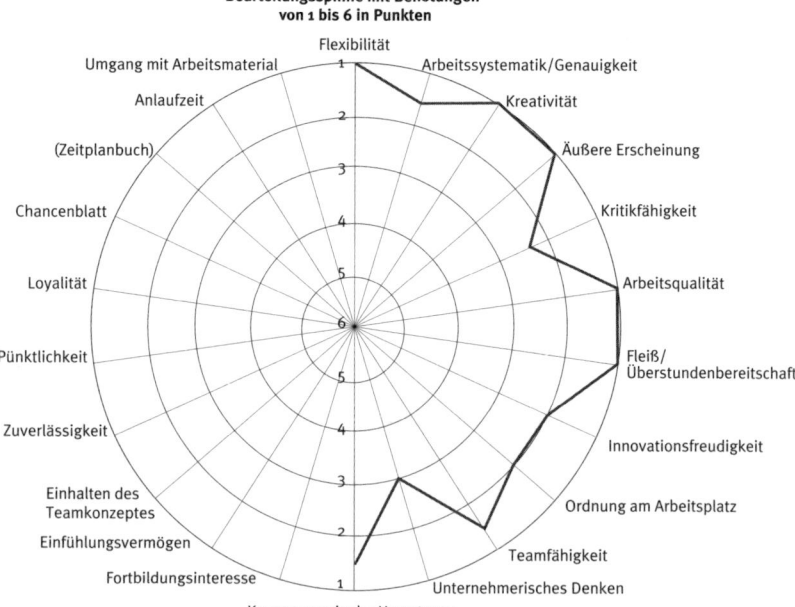

Beurteilungsspinne mit Benotungen von 1 bis 6 in Punkten

Bei unseren Auszubildenden gibt es noch einen weiteren Punkt, nämlich «Mitwirken im Arbeitskreis Jugend». Die Spinne sieht dann folgendermaßen aus:

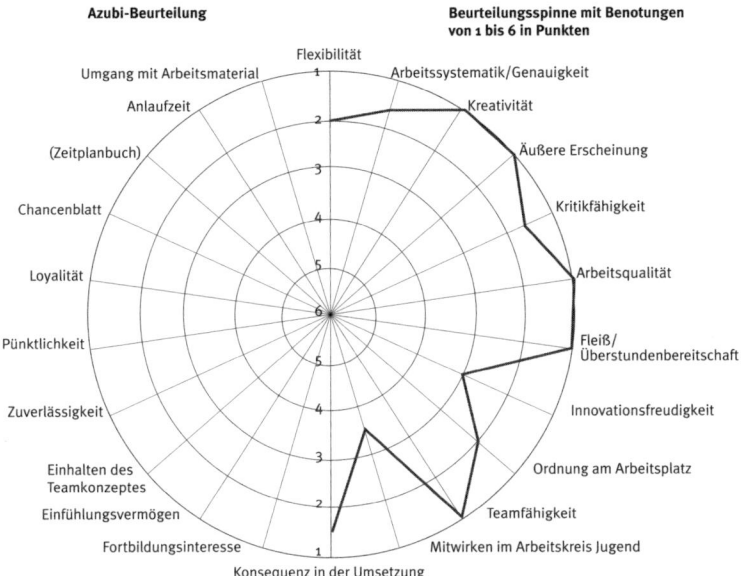

Azubi-Beurteilung

Beurteilungsspinne mit Benotungen von 1 bis 6 in Punkten

Flexibilität
Umgang mit Arbeitsmaterial
Anlaufzeit
(Zeitplanbuch)
Chancenblatt
Loyalität
Pünktlichkeit
Zuverlässigkeit
Einhalten des Teamkonzeptes
Einfühlungsvermögen
Fortbildungsinteresse
Konsequenz in der Umsetzung

Arbeitssystematik/Genauigkeit
Kreativität
Äußere Erscheinung
Kritikfähigkeit
Arbeitsqualität
Fleiß/Überstundenbereitschaft
Innovationsfreudigkeit
Ordnung am Arbeitsplatz
Teamfähigkeit
Mitwirken im Arbeitskreis Jugend

Für unsere Teamleiter ziehen wir eine dritte Spinne heran, die fachliche, soziale, kommunikative und personale Kompetenzen berücksichtigt, wie schon in Kapitel 1.1. kurz umrissen. Sie sehen sie auf Seite 56.

Was unter den einzelnen Faktoren zu verstehen ist, sei nachfolgend stichwortartig beschrieben:

1. *Flexibilität:* viele Einsatzmöglichkeiten, flexibler Einsatz innerhalb eines Teams oder auch teamübergreifend
2. *Arbeitssystematik/Genauigkeit:* sinnvolle, folgerichtige Planung und Organisation der Arbeit
3. *Kreativität:* Flexibilität bei der Aufgabenerfüllung, Ausprobieren von neuen Ideen und auch deren Umsetzung

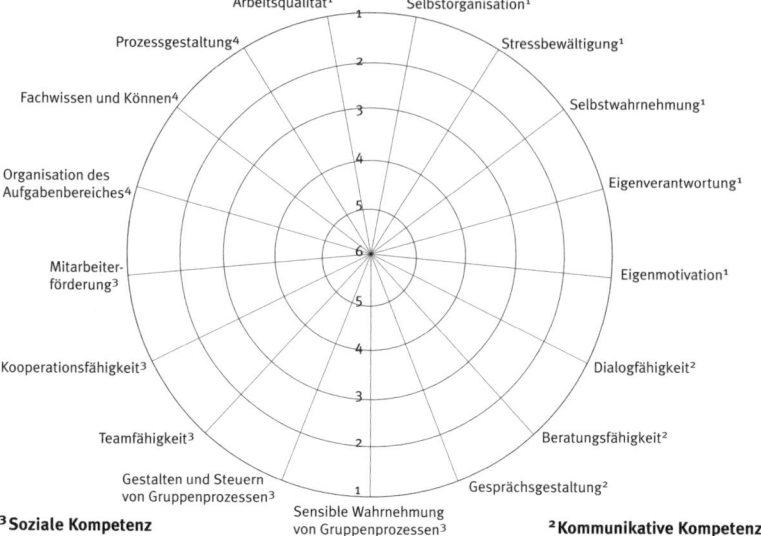

4 Fachliche Kompetenz **1 Personale Kompetenz**

Arbeitsqualität[1] Selbstorganisation[1]

Prozessgestaltung[4] Stressbewältigung[1]

Fachwissen und Können[4] Selbstwahrnehmung[1]

Organisation des Aufgabenbereiches[4] Eigenverantwortung[1]

Mitarbeiterförderung[3] Eigenmotivation[1]

Kooperationsfähigkeit[3] Dialogfähigkeit[2]

Teamfähigkeit[3] Beratungsfähigkeit[2]

Gestalten und Steuern von Gruppenprozessen[3] Gesprächsgestaltung[2]

3 Soziale Kompetenz Sensible Wahrnehmung von Gruppenprozessen[3] **2 Kommunikative Kompetenz**

4. *Äußere Erscheinung:* gepflegt, attraktiv, passend, sauber

5. *Kritikfähigkeit:* eingestehen eigener Fehler und die Bereitschaft, für die Folgen des Fehlers einzustehen und darüber hinaus daraus zu lernen

6. *Arbeitsqualität:* gleich bleibend hohes Niveau der geleisteten Arbeit

7. *Fleiß/Überstundenbereitschaft:* quantitativer Umfang der Arbeit, strebsames und sorgfältiges Arbeiten auf ein Ziel hin, mit der Bereitschaft, sich auch nach Dienstschluss einzusetzen und den Gästewünschen anzupassen

8. *Innovationsfreudigkeit:* beteiligt sich – auch ohne Aufforderung – an den monatlichen Ideenblättern

9. *Ordnung am Arbeitsplatz:* Vor, während und nach der Arbeit befindet sich der Arbeitsplatz in einem übersichtlichen, sauberen und ordentlichen Zustand

10. *Teamfähigkeit:* ausgeprägtes Kooperationsverhalten sowie

herzliches und korrektes Verhalten gegenüber Gästen, Teammitgliedern und Vorgesetzten

11. *Unternehmerisches Denken:* weitsichtiges und tatkräftiges Miterkennen und Miturteilen sowie Kostenbewusstsein

12. *Konsequenz in der Umsetzung:* Ausdauer und Energie bei der Verfolgung von Zielen

13. *Fortbildungsinteresse:* regelmäßige Teilnahme an fachlichen und persönlichen Weiterbildungsseminaren

14. *Einfühlungsvermögen:* gutes Gespür für die Situation und die Fähigkeit, mit den Augen des Gastes zu sehen

15. *Einhalten des Teamkonzeptes:* Alle Informationen aus dem Teamkonzept werden so wie beschrieben ausgeführt

16. *Zuverlässigkeit:* hält sich an alle gemeinsam getroffenen Vereinbarungen (Termine, Hauptaufgaben, Checklisten etc.)

17. *Pünktlichkeit:* erscheint zu Terminen und Arbeitszeiten pünktlich

18. *Loyalität:* steht zum Unternehmen und zu seinen Zielen

Die Beurteilungsspinne als fundamentales Führungsinstrument nimmt auch beim **MitarbeiterAktienindeX** eine zentrale Position ein.

Zur Bewertung herangezogen wird die Durchschnittsnote aller Faktoren der Spinne. Als Maximum kann ein Teamplayer 100 Pixel erhalten. Hierfür muss ein Durchschnittswert von 1,0 erreicht werden. Je schlechter die Durchschnittsnote, desto weniger Pixel erhält der Mitarbeiter.

Für die genaue Anzahl ist eine entsprechende Formel in die Software eingebunden, die die Pixelvergabe automatisch berechnet. Um keine extremen «Spitzen» im Kurswertverlauf des einzelnen Mitarbeiters zu verzeichnen, werden die Pixel ab dem Zeitpunkt des Orientierungsgesprächs gleichmäßig über die folgenden zwölf Monate verteilt.

Bei neuen Mitarbeitern, mit denen noch kein Orientierungsgespräch geführt wurde, wird der Durchschnittswert der Teamkollegen berücksichtigt. Diese Abrechnungsweise haben wir eingeführt, damit kein neuer Mitunternehmer aufgrund der Tatsache benachteiligt wird, dass noch keine eigene Durchschnittsnote vorhanden ist. Ohne einen Eintrag in der Software würde beim Neuen der Standardwert null vergeben werden, was zur Folge hätte, dass für diesen Faktor keine Punktgutschrift erfolgt. Mit dem Durchschnittswert der Teamkollegen darf immerhin mit einer mittleren Pixelzahl gerechnet werden.

2.3.6 Fehlzeiten

Haben Sie sich nicht öfters schon darüber geärgert, dass einige Ihrer Mitarbeiter an den so genannten unerklärlichen Krankheiten erkrankten? Und zwar solchen, die kein Arzt erklären könnte – somit auch kein Attest zur Vorlage kommt, da diese Unpässlichkeiten meist nach einem oder auch zwei Tagen wieder völlig vorbei

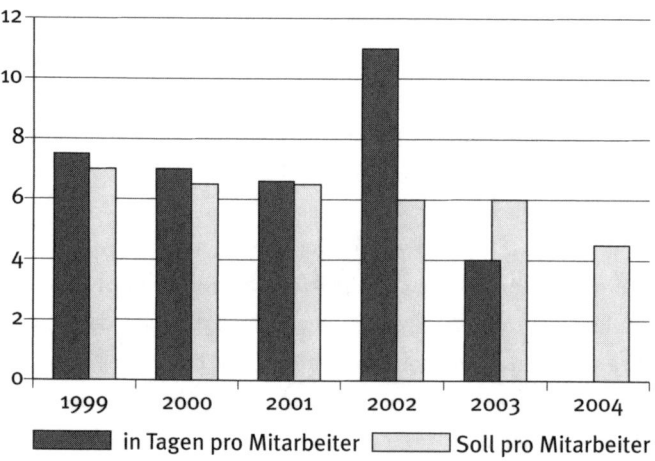

Kranktage pro Mitarbeiter

sind? Bei uns im «Schindlerhof» begegnet man diesem Phänomen sehr gerne dann, wenn ein Freiwunsch eines Mitarbeiters nicht berücksichtigt werden konnte, eine Nacht zuvor eine Geburtstagsparty stattfand oder gerade die Oma zu Besuch ist. Bei Azubis halten diese Krankheiten vermehrt vor anstehenden Prüfungsterminen Einzug ... Mit **MAX** haben wir dieses Phänomen nahezu beseitigt, möchten wir behaupten. Ein Kriterium beim **MitarbeiterAktienindeX** sind die Fehlzeiten. Für jeden Kranktag erhalten unsere Teammitglieder einen Abzug. Dieser Wertverlust ist entsprechend der Dauer der Fehlzeit gestaffelt. Die Staffel bemisst sich wie folgt:

In der ersten Woche werden pro Fehltag fünf Pixel in Abzug gebracht, also fünf Arbeitstage mal fünf Pixel ergibt einen Abzug von total 25 Pixeln für die erste Arbeitswoche.

Für weitere fünf werden pro Tag nur noch drei Pixel abgezogen.

In der dritten Fehlwoche berechnen wir pro Abwesenheitstag zwei Pixel und ab der vierten Woche wird pro Tag nur noch ein Pixel abgezogen.

Beispiel

Ein Mitarbeiter ist zwölf Werktage krank. Hierfür werden insgesamt 44 Pixel abgezogen. Das berechnet sich folgendermaßen:

1. Woche: 5 Tage x – 5 Pixel = – 25 Pixel
2. Woche: 5 Tage x – 3 Pixel = – 15 Pixel
3. Woche: 2 Tage x – 2 Pixel = – 4 Pixel

Ausgenommen sind alle Krankenhausaufenthalte, nicht selbst verschuldete Unfälle und Betriebsunfälle.

Wie die Zeitung «Die Welt» am 17. August 2004 berichtete, waren Beschäftigte im vergangenen Jahr durchschnittlich 13,5 Tage krankgeschrieben. Die Statistik auf Seite 58 zeigt, dass wir seit der Ära MAX die Fehlzeiten im Jahr 2003 auf rekordverdächtige vier Tage pro Mitarbeiter und Jahr reduziert haben: Rein rechnerisch sparen uns die zurückgegangenen Kranktage, die in etwa einein-halb Mannjahre ausmachen, locker 60 000 Euro. Da amortisiert sich die Einführung der MAX-Software aber ruck, zuck ...

Angesichts dieser Erfolge sollten die Entscheider bei der öf-fentlichen Verwaltung einmal über die Einführung unseres MAX nachdenken. Sie war mit 23,5 Tagen im Jahr 1999 noch Spitzenreiter im deutschen Branchenvergleich, wie die «Welt» weiter schreibt. In-zwischen sank die durchschnittliche Dauer der Krankmeldungen zwar auf 16 Tage für das Jahr 2003. Trotzdem gibt es bei dieser Be-rufsgruppe mit an Sicherheit grenzender Wahrscheinlichkeit noch viel Optimierungspotenzial.

Mittlerweile geht es bei uns schon so weit, dass die Mitarbei-ter bei einem Anflug von Grippe lieber den Dienstplan ändern und ihre freien Tage dafür verwenden, sich zu Hause auf dem Sofa mit einem guten Buch – das man ohnehin längst schon lesen wollte – oder einer guten Tasse Tee mit Honig im Bett auszuku-rieren. Nur um keinen Abzug für Kranktage zu erhalten.

2.3.7 Pünktlichkeit

Auch Pünktlichkeit wird bei uns groß geschrieben. Dies erkennt der aufmerksame Leser an unserer bereits erwähnten Zeitkultur mit Zeitmanagementsystemen.

Da wir im «Schindlerhof» aber keine Stechuhr besitzen – das würde nicht zu unserer Vertrauenskultur passen –, ist dieser Fak-tor definitiv eine subjektive Selbsteinschätzung eines jeden Team-players. Wir vertrauen hier auf die Ehrlichkeit unserer Mitarbeiter und deren Fähigkeit zur Selbstkritik.

Es geht auch hierbei nicht um ein konkretes Zählen der Tage, an denen man ein oder zwei Minuten zu spät zum Arbeitsbeginn (zweimal zehn Minuten, gemäß Spielregel) erscheint, da es einen unvorhersehbaren Stau gab. Sondern vielmehr geht es um die generelle Tendenz, ob es eben tendenziell täglich diesen Stau gibt oder ob dieses Verkehrschaos eher die Ausnahme darstellt. Auch hier setzen wir auf die Nachhaltigkeit, die der **MitarbeiterAktienindeX** bietet. Der monatliche Blick in den Spiegel, die monatliche Frage an sich selbst: «War ich pünktlich oder war ich doch eher unpünktlich ...?»

Zum Thema Pünktlichkeit unsere Spielregel im konkreten Wortlaut

Zeitkultur ist bei uns ein *Must*. Deshalb besuchen alle unsere Mitarbeiter in den ersten Monaten bereits ein Ziel- und Zeitplanungsseminar. Wir betrachten Unpünktlichkeit nicht als eine Schwäche im Sinne einer natürlichen Begrenzung, sondern als eine nicht zu tolerierende Flegelei. Alle Teammitglieder nutzen die ersten zehn Minuten vor Arbeitsbeginn, sich auf den Tag, seine Herausforderungen und unsere Gäste einzustimmen. Wir nennen das konzentrierte Einstellung auf den Tag.

Nach Beendigung des Arbeitstags wird eine ehrliche Manöverkritik erstellt, und hieraus werden die Verbesserungen für den nächsten Tag gezogen. Unterstützt wird dieses Vorgehen durch unser Instrument TUNE.

2.3.8 Pixelprämie

Diesen Punkt haben wir als Regulativ eingebaut, um Leistungen eines Mitarbeiters zu honorieren, die noch in keinem anderen der zuvor aufgezeigten Parameter Berücksichtigung fanden. Auch hier kann positiv oder negativ reguliert werden, als Lob und Tadel wirksam werden.

Zwei Beispiele

Im Sommer 2003 herrschten teilweise unerträgliche 40 °C im Schatten. Unsere Küche, die sehr kleinräumig ist, wurde an solchen Tagen praktisch zu einer Sauna. Mit dieser außerordentlich ungünstigen Arbeitssituation musste unser ganzes Küchenteam fast sechs Wochen zurechtkommen. Diese erbrachte Höchstleistung haben wir für jeden Einzelnen unserer Küchencrew mit einer Gutschrift von 20 Pixeln honoriert.

Einer unserer Auftraggeber hat einen Mitarbeiter mit 25 Pixeln Abzug «bestraft», da es das Teammitglied tatsächlich schaffte, innerhalb eines Monats zwei Industriewaschmaschinen im Wert von mehreren tausend Euro auf ein und dieselbe Weise zu ruinieren.

Natürlich können diese Pixelprämien nicht einfach so vergeben werden und auch nicht in jeder beliebigen Höhe. Diese Art von Pixelgutschrift bzw. -abzug wird immer vom entsprechenden Teamleiter beantragt und im Rahmen der gesamten Führungsmannschaft diskutiert. Maximal können hier 25 Pixel pro Mitarbeiter und Monat hinzuaddiert oder abgezogen werden.

2.3.9 Freiwillige Projektmitarbeit bzw. Teilnahme am DIM

Mitarbeit an Projekten, die im «Schindlerhof» stets auf freiwilliger Basis und in der Freizeit stattfinden, wird selbstverständlich auch mit Pixelpunkten belohnt.

Nun gibt es Projekte, die recht zügig umgesetzt sind, und es gibt solche, die Monate dauern und von den involvierten Mitarbeitern viel Freizeit zugunsten des Unternehmens abverlangen. Also mussten wir uns ein Vergütungsmodell ausdenken, das weder diejenigen bevorzugt, die an einem kleineren Projekt mitwirken, noch die andere Gruppe benachteiligt, die eben an einem sehr lange dauernden Projekt beteiligt ist.

So arbeitete beispielsweise eine Gruppe von Auszubildenden rund sieben Monate erfolgreich an der Zertifizierung des «Schindlerhofs» nach der ISO-Umweltnorm 14001.

Die Regel lautet, dass jeder Mitwirkende pro notwendiges Treffen zur Realisierung der Aufgabe(n) eine Gutschrift in Höhe von vier Pixeln erhält.

Bei unseren Führungskräften ist die Betreuung von Projektgruppen in die Hauptaufgabenliste integriert; die Betreuung findet also im Rahmen der Arbeitszeit statt. Daher werden unsere Teamleiter für jede Teilnahme am DIM (Dienstagsmeeting) mit einem Pixel belohnt.

Zusätzlich zu den verdienten Pixelpunkten kommt bei der Mitarbeit in Projekten natürlich noch der Effekt hinzu, dass unsere Mitunternehmer lernen, wie man überhaupt an Projekte und deren Umsetzung herangeht. Da in jedem Projekt immer eine kompetente Führungskraft mitwirkt, ist sichergestellt, dass die Umsetzung optimal abläuft.

Um unsere Projektabläufe noch effektiver zu gestalten, haben wir dieses Jahr im Rahmen unserer Schindlerhof-Akademie erstmals ein eigenes Seminar «Projektmanagement» für unsere Teammitglieder angeboten. Natürlich gab es auch hierfür einen satten Zuwachs von zehn Pixeln pro Teilnehmer.

Und an dieser Stelle soll noch einmal ausdrücklich darauf hingewiesen werden, dass es nicht zwingend notwendig ist, externe Trainer für teures Geld ins Haus zu holen, um das Team zu trainieren: Dieses neue Seminar wurde von einem unserer Mitunternehmer für seine Kollegen zusammengestellt und durchgeführt.

Nutzen Sie also zukünftig viel stärker das Wissen innerhalb Ihres Teams. Jeder hatte schon ein (Berufs-)Leben, bevor er bei Ihnen anheuerte. Nahezu jeder hat neben seinem direkten Arbeitsbereich noch weiteres Spezialwissen aufgrund seiner Hobbys, der Schulausbildung oder anderer Jobs, die er vorher begleitete.

Sie glauben gar nicht, wie viel Geld Sie durch gezielte Wissensweitergabe innerhalb Ihres Mitarbeiterkreises sparen können. Nutzen Sie dieses brachliegende Potenzial für sich selbst, Ihre Mitarbeiter und schlussendlich für den Erfolg Ihres Unternehmens.

2.3.10 Rauchen

Zurzeit sterben rund 25 Prozent aller Männer und 15 Prozent aller Frauen an einem Lungenkarzinom. In 85 Prozent aller Fälle sind Zigaretten der Auslöser für diese Krebsart, gemäß einer Untersuchung der Uniklinik Erlangen, die vor einigen Jahren erhoben wurde.

Tatsache ist, dass nur drei Züge an einer Zigarette ausreichen, um alle Blutgefäße im Körper auf das Maximale für ganze sechs Stunden zu verengen.

Raucher erzielen damit eine erheblich geringere Sauerstoffzufuhr des Hirns und sind auf Dauer niemals so leistungsfähig wie Nichtraucher. Daher bieten wir jedem Teammitglied – auf Wunsch – einmal jährlich gegen eine geringe Kostenbeteiligung Akupunktur-Raucherentwöhnungs-Seminare an.

Zum Gesundheitsaspekt kommen ja noch ergänzend die stets stillschweigend akzeptierten, vermeintlich «kurzen» Raucherpausen hinzu. Natürlich ist es den Nichtrauchern gegenüber schlicht unfair, wenn sich die rauchenden Kollegen mehrmals täglich ihre Zigaretten einziehen. Bei angenommenen sechs Pausen zu jeweils fünf Minuten am Tag summiert sich dieser Zeitverlust schnell auf 30 Minuten täglich, macht knappe drei Stunden pro Woche, zwölf Stunden pro Monat bzw. 144 Stunden oder rund 15 Arbeitstage – wie auch immer man es betrachten mag – aufs Jahr.

Wer nicht von diesem Laster lassen will, der muss sich offiziell an folgende Spielregeln halten: Rauchen ist nicht erlaubt

- im kompletten Hotelbereich inkl. Putzkammern,
- im Sichtbereich der Gäste,
- in der Küche,
- in der Bankettküche,
- im Restaurant-Office und in der Weißgeschirr-Spülküche,
- in den Gästetoiletten.

Servicemitarbeiter und Küchenmitarbeiter müssen sich nach dem Rauchen einer Zigarette die Hände waschen. Unsere Raucher dürfen lediglich in den Essenspausen – und nicht während der Arbeitszeit – zum Glimmstängel greifen.

Logische Konsequenz dieser Spielregel ist, dass wir Nichtraucher mit einer Gutschrift von zwei Pixeln monatlich belohnen, Rauchern hingegen werden zwei Pixel abgezogen.

2.3.11 Die richtige Gewichtsklasse? –
Der Body-Mass-Index

Es sollte noch einen zweiten «Fitnessindikator» neben dem Rauchen geben. Nach eingehenden Recherchen, weiteren Überlegungen und Befragung einiger unserer Teammitglieder sind wir zu dem Entschluss gelangt, den Body-Mass-Index (BMI) als weiteren Fitnessfaktor für die monatliche Performance heranzuziehen.

Mit Hilfe des Body-Mass-Index lässt sich das richtige Körpergewicht beurteilen, und seine Annäherung an das angemessene Gewicht für die richtige Körpergröße ist durch zahlreiche wissenschaftliche Studien belegt. Er errechnet sich aus Körpergewicht in Kilogramm, geteilt durch die Körpergröße in Metern zum Quadrat. Und als Formel:

Body-Mass-Index (BMI) = Körpergewicht : (Körpergröße in m)^2

Die Einheit des BMI ist demnach kg/m².

Aber selbst jetzt gibt es noch eine wichtige Berücksichtigung. Die richtige Verhältniszahl des BMI hängt vom Alter ab. Die Universität Hohenheim hat die richtigen Relationen auf ihrer Web-site veröffentlicht. Folgende Tabelle zeigt BMI-Werte für verschiedene Altersgruppen:

Alter	BMI
19–24 Jahre	19–24
25–34 Jahre	20–25
35–44 Jahre	21–26
45–54 Jahre	22–27
55–64 Jahre	23–28
>64 Jahre	24–29

BMI-Klassifikation (nach DGE, Ernährungsbericht 1992):

Klassifikation	m	w
Untergewicht	<20	<19
Normalgewicht	20–25	19–24
Übergewicht	25–30	24–30
Adipositas	30–40	30–40
massive Adipositas	>40	>40

So lässt sich erkennen, in welche Risikogruppe jemand fällt. Die Weltgesundheitsorganisation hält einen BMI zwischen 20 und 25 für optimal.

Warum ist ein guter BMI so wichtig?

Tatsache ist, dass die gesamte Weltbevölkerung immer dicker wird. Besonders in den USA verdoppelte sich die Zahl der unter Adipositas, also der Fettleibigkeit, leidenden Personen.

Als Adipositas bezeichnet man eine chronische Erkrankung, die weltweit in Besorgnis erregendem Umfang zunimmt. Laut der WHO (World Health Organization) ist sie die am meisten unterschätzte und vernachlässigte Gesundheitsstörung unserer Zeit. Schätzungen zufolge verursacht die Adipositas aufgrund ihrer unmittelbaren Folgeerkrankungen in den Industrieländern fünf Prozent aller Gesundheitskosten.

Unter anderem ist die Adipositas mit- und hauptverantwortlich für ein gehäuftes Auftreten von Bluthochdruck, Diabetes mellitus (Zuckerkrankheit), Herzinfarkten, Schlaganfällen, Brustkrebs, Gallenblasenerkrankungen und Gicht.

Die Übergewichtigkeit stellt ein weltweit stetig zunehmendes Problem dar. Daher spricht die Weltgesundheitsorganisation bereits von einer globalen Epidemie, die ebenso ernst genommen werden sollte wie jede zum Tode führende Infektionskrankheit. In den Vereinigten Staaten sollen gewichtsbedingte Krankheiten schon nächstes Jahr die Raucherleiden als Todesursache Nummer eins ablösen, so berichtet die «Frankfurter Allgemeine Sonntagszeitung» am 27. Juni dieses Jahres.

Nicht zu unterschätzen sind auch die seelischen Folgen Übergewichtiger. Eine amerikanische Statistik besagt, dass an Adipositas Leidende im Durchschnitt weniger verdienen und eine geringere Chance haben, jemals geheiratet zu werden.

Weiterhin ergab eine Studie des «National Center for Chronic Disease Prevention and Health Promotion», dass Mitte der Achtzigerjahre noch weniger als zehn Prozent unter Adipositas litten. Nach einem stetigen Anstieg über die Neunzigerjahre hat sich die Anzahl der an Fettleibigkeit leidenden Amerikaner in allen Bundesstaaten mindestens verdoppelt, in einigen Staaten mit weit über 25 Prozent der Bevölkerung sogar verdreifacht. Der Trend hin zu einer dicken Gesellschaft ist in den Industrienationen ungebrochen, wie die Grafik auf Seite 68 zeigt.

Anzahl der Menschen mit gesundheitsgefährdendem Body-Mass-Index (BMI) > 30 in den OECD-Ländern

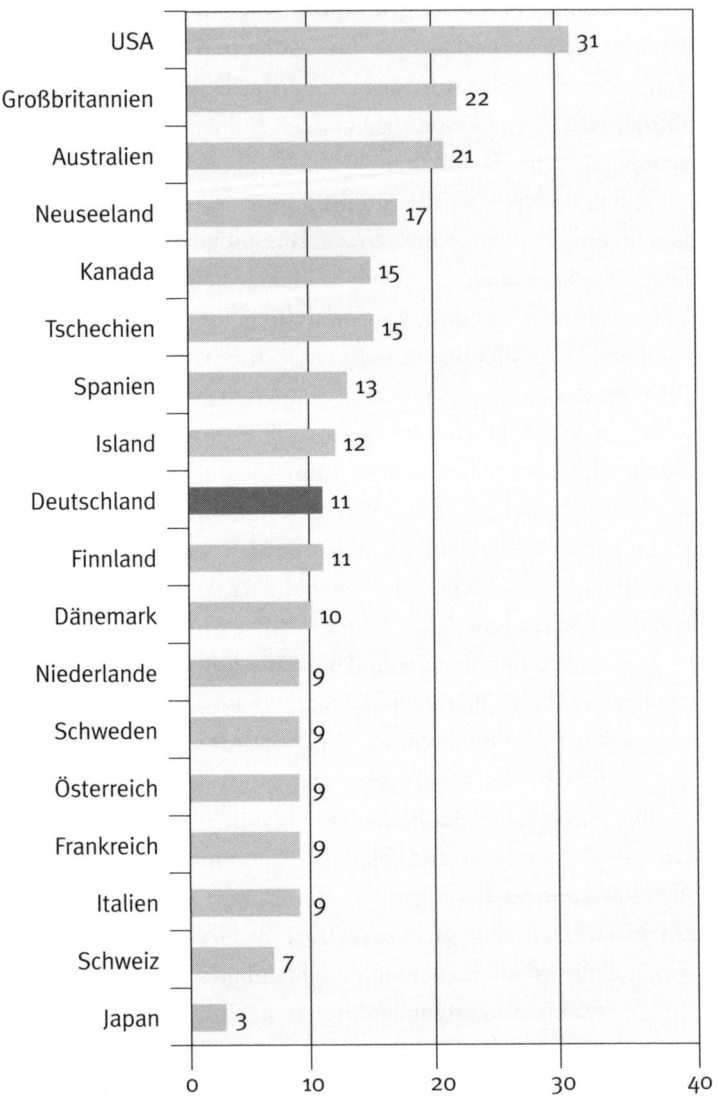

in % der Gesamtbevölkerung   Eigene Grafik, Quelle: OECD

Anwendungsbeispiel für den «Schindlerhof»

Ein Mitarbeiter ist 1,70 m groß und wiegt 72,25 kg. Somit ergibt sich ein BMI von 25.

Dieser Mitarbeiter liegt noch im Normalbereich und erhält somit einen Zuwachs von zwei Pixeln.

Normalerweise sind Werte zwischen 20 und 25 als optimal anzusehen. Wir haben diese Spanne ganz bewusst etwas geweitet, da wir nicht explizit zwischen Männern und Frauen unterscheiden und auch nicht die entsprechenden Altersstufen berücksichtigen. Dies geschieht auch deswegen, um die Komplexität der anzuwendenden Formeln innerhalb der Software so gering wie möglich zu halten. Daher darf sich ein Mitarbeiter unseres Teams, dessen BMI sich zwischen 19 und 26 bewegt, über zwei Pixel Zugewinn freuen.

2.3.12 Verstoß gegen die Spielregeln

Auch unsere Abmahnungen finden ihren Platz bei **MAX**. Schriftliche Abmahnungen sind immer als ein «Schuss vor den Bug» zu verstehen. Hier werden Grenzen aufgezeigt: bis hierhin und nicht weiter. Dass der entsprechende Mitarbeiter dafür einen Pixelverlust hinnehmen muss, ist die logische und gerechte Konsequenz.

Das folgende Abmahnungssystem hat sich bei uns bewährt und wird konsequent eingehalten:
- beim ersten Verstoß: persönliches Abmahnungsgespräch
- beim zweiten Verstoß: gelbe Karte = (schriftliche Abmahnung)
- beim dritten Verstoß: rote Karte = (Kündigung)

Bei Verstößen in Sachen Herzlichkeit/Freundlichkeit entfällt das persönliche Gespräch; es beginnt direkt mit der gelben Karte. Rote Karten können nur von den Abteilungsleitern und der Unternehmensführung verteilt werden. Gelbe Karten können auch von den stellvertretenden Abteilungsleitern vergeben werden. Für den **MitarbeiterAktienindeX** bedeutet dies konkret:

- Abzug von 25 Pixeln für ein persönliches Abmahnungsgespräch
- minus 25 Pixel für eine gelbe Karte

Bei der roten Karte erfolgt ohnehin die Kündigung, daher wird hier von weiterem Pixelabzug Abstand genommen. Der Mitarbeiter erhält auf Wunsch dennoch sein Aktienzertifikat.

2.3.13 Weiterbildung

Alle Maßnahmen zur Fort- und Weiterbildung, also der Besuch von Seminaren, liegen uns ganz besonders am Herzen. Daher haben wir auch unsere schon zuvor beschriebene Schindlerhof-Akademie gegründet. Im vergangenen Jahr waren 37 Seminare an 64 Terminen im Angebot.

Für jeden absolvierten Seminartag erhalten unsere MitunternehmerInnen eine Gutschrift von zehn Pixeln für ihre positive Wertentwicklung.

Analog zu einem besuchten Seminar erhält natürlich auch derjenige entsprechende Pixelpunkte gutgeschrieben, der aktiv sein Wissen weitergibt und für (Team-)Kollegen Seminare und Vorträge anbietet und abhält. Aber das haben wir schon (Seite 62) erläutert.

2003 beispielsweise gaben wenigstens zehn Teammitglieder aktiv Wissen durch eigene veranstaltete Seminare weiter, darunter etwa Kostenmanagement- und Projektmanagement-Seminare, Cocktailschulungen usw.

Der Weiterbildungswille lässt sich auch in Zahlen ausdrücken; die Zahl der Weiterbildungstage steigerte sich schlagartig um über

20 Prozent von 391 auf knapp 500. Und dafür war noch nicht einmal eine Aktennotiz nötig. Die Mitarbeiter sagten sich: «Mensch, ich zieh mir das Seminar rein, dann kriege ich dafür wieder 20 Pixel.»

Wohlgemerkt – unsere Weiterbildungsaktivitäten finden entsprechend den Spielregeln immer in der Freizeit der Mitarbeiter statt.

2.3.14 Jubiläum

Für Dienstjubiläen erhalten die Mitglieder unseres Ensembles logischerweise auch Pixel gutgeschrieben. Denn natürlich ist Erfahrung ein sehr hoch zu schätzendes Gut, das entsprechend honoriert wird. Wir haben folgende Stufen für Dienstjubiläen festgelegt:

* 3 Jahre
* 5 Jahre
* 10 Jahre

* 15 Jahre
* 20 Jahre
* 25 Jahre

Bei einem Jubiläum erhält der entsprechende Mitarbeiter ab dem Monat des Jubiläums für die folgenden zwölf Monate jeweils die Anzahl der Jahre des Jubiläums als monatlichen Pixelwert gutgeschrieben.

Beispiel

Für ein zehnjähriges Jubiläum erhält der Teamplayer zwölf Monate lang monatlich zehn Pixel Gutschrift. Macht in Summe stolze 120 Pixel.

Zu achten ist bei den langjährigen Mitarbeitern auf den biologischen bzw. Arbeitslebenszyklus. In Anlehnung an den klassischen Produktlebenszyklus schauen wir uns auch immer sehr genau den Lebenszyklus unserer Mitunternehmer an.

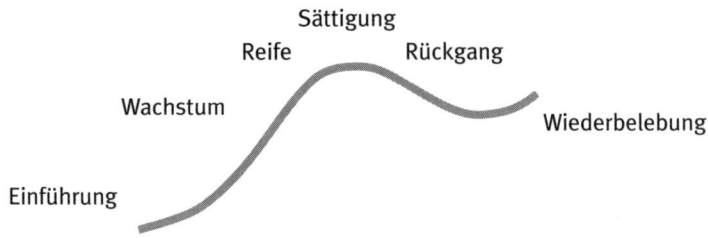

Sättigung
Reife   Rückgang

Wachstum
Wiederbelebung

Einführung

Grundsätzlich unterteilt sich unser biografischer Lebenszyklus in zehn Phasen:

- Phase 1: Wachsen, Fantasieren, Erkennen
- Phase 2: Lernen und Berufsausbildung
- Phase 3: Eintritt in das Berufsleben
- Phase 4: Grundausbildung und Sozialisation
- Phase 5: Akzeptanz
- Phase 6: Dauerhafte Zugehörigkeit bzw. eigene Spuren
- Phase 7: Krise der mittleren Lebensjahre
- Phase 8: Schwung erhalten, wiedergewinnen oder ausklingen lassen
- Phase 9: Loslösung
- Phase 10: Ruhestand

In Anlehnung daran und an den klassischen Lebenszyklus eines Produktes müssen wir uns als verantwortliche Führungskräfte ansehen, wo unser Hochleistungsteam steht.

Bereits wenn sich ein Mitarbeiter in der stabilen Phase befindet, müssen wir uns Gedanken darüber machen, wie lange sie anhalten wird. Der eine kommt schneller bei der Aristokratie an, beim anderen dauert es etwas länger, aber wenn wir keinen Plan A und keinen Plan B haben, kann es schnell zum «Umkippen» der Situation kommen. Was bedeutet nun Plan A und Plan B?

Sagen wir es einmal so: Der entsprechende Mitarbeiter hat sich derart an seine Aufgaben gewöhnt, dass ganz einfach der Kick

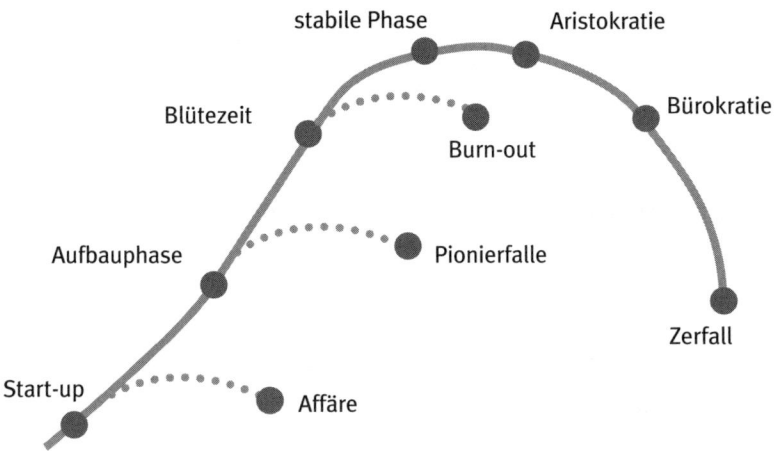

fehlt. Somit müssen wir gemeinsam nach einer neuen Herausforderung suchen – vorausgesetzt, wir wollen den langjährigen Mitarbeiter halten. Dies kann durch Job-Rotation oder Job-Enrichment geschehen, um nur zwei klassische, aber effektive Beispiele zu nennen. Somit können wir zumeist Bürokratie und schlussendlich den Zerfall des Mitarbeiters verhindern.

Nochmals, und verstehen Sie das bitte nicht falsch: Natürlich ist die langjährige Erfahrung unserer Mitarbeiter ein wichtiges, nicht zu unterschätzendes Gut, das wir nicht verlieren dürfen. Also Augen auf und aktiv die Mitarbeiter fordern und im Bedarfsfall gemeinsam nach neuen Aufgabenbereichen suchen. Dann bleibt der wichtige Erfahrungsschatz dem Unternehmen erhalten und kann sogar an jüngere Teammitglieder weitergegeben werden.

Wirkungsvolles Steuern von Veränderungsprozessen und wirkungsvolles Fördern von Menschen beruht auf dem Ausbalancieren der Lebenszyklen.

Natürlich kann die Jubiläumsprämie auch als eine Art Gegenpol zur Abschreibung angesehen werden, der unsere **MAX**-Teilnehmer unterworfen sind.

2.4 Zusätzliche Faktoren für unsere Azubis

2.4.1 Geschwänzte Schultage

Für jeden geschwänzten Schultag bekommen unsere Azubis zehn Pixel Abzug. Nicht zum Unterricht zu erscheinen, passt nicht zu unserer Unternehmenskultur und somit auch nicht in unser Verständnis von Qualität.

Schultage sind für uns Arbeitstage. Ein Auszubildender kann dem Schulunterricht eigentlich nur aus Krankheitsgründen fernbleiben. Hierfür muss dem Teambüro ein ärztliches Attest – innerhalb von drei Tagen – vorliegen, und der Abteilungsleiter ist davon umgehend in Kenntnis zu setzen. Der Dienstplan wird entsprechend geändert.

Geschwänzte Schultage entsprechen also nicht dem Niveau unseres Hauses – und gelten automatisch als Urlaubstage.

Die Schule unterrichtet uns prinzipiell über Fehlzeiten von Auszubildenden. Geschwänzte Schultage fallen auf das Unternehmen zurück und hinterlassen einen schlechten Eindruck.

2.4.2 Azubi-Sprecher

Unser Azubi-Sprecher wird ungefähr alle zwei Jahre von den Auszubildenden, der Unternehmensführung und den Abteilungsleitern gewählt. Er leitet den Arbeitskreis «Jugend im Unternehmen», der sich einmal pro Quartal trifft und entsprechende aktuelle Themen bespricht. Der Azubi-Sprecher berichtet im Bedarfsfall direkt an die Unternehmensleitung bzw. an die betreffenden Teamleiter.

Für diese ehrenamtliche Funktion erhält der entsprechende Auszubildende für die Dauer seiner Amtsperiode monatlich einen Pixel.

2.4.3 Azubi des Monats

Monatlich wird der Azubi des Monats gewählt. Für diese Auszeichnung gibt es im entsprechenden Monat zehn Pixel extra.

2.4.4 Zeugnisse

Hier bemisst sich die Pixelzahl nach der Zeugnisnote; im deutschen Schulsystem ist 1 die beste und 6 die schlechteste Note. Je niedriger die Note, desto höher die Pixelzahl. Als Maximum, also bei einem Zeugnisdurchschnitt von 1,0, werden 20 Pixel gutgeschrieben. Die erreichten Pixel werden gleichmäßig über die folgenden zwölf Monate verteilt.

Neue Auszubildende erhalten so lange den Gegenwert des Durchschnitts aller restlichen Azubi-Noten, bis sie selbst ihr erstes Zeugnis ausgehändigt bekommen.

Hinweis

An dieser Stelle soll darauf hingewiesen werden, dass Profis bei der Durchschnittsnote der Beurteilungsspinne maximal 100 Pixel erhalten können, Azubis jedoch maximal nur 80 Pixel. Als Ausgleich können Auszubildende maximal 20 Pixel auf ihre Zeugnisnote bekommen. Die Faktoren Azubi-Sprecher und Azubi des Monats dienen als Ausgleich für die bei Azubis nicht möglichen Jubiläumspixel. Somit können die Azubis prinzipiell die gleiche Pixelzahl verdienen wie die Profis.

2.5 Zutaten für den TIX

2.5.1 Reklamationskosten

Bei uns im «Schindlerhof» werden monatlich die Reklamationskosten, also die Wiedergutmachungskosten, die aufgrund von
Gästereklamationen angefallen sind, abteilungsweise erfasst und
pro Team statistisch ausgewertet. Nachfolgend beispielhaft die
Auswertung aus 2003 (in Euro):

	Januar	Februar	März	April	Mai	Juni
Gesamtbetrieb	0,00	0,00	25,00	10,00	160,00	10,00
Restaurant	0,00	0,00	15,00	0,00	278,00	20,00
Küche	168,00	0,00	0,00	104,00	218,00	168,00
Hotel	0,00	0,00	0,00	49,90	0,00	10,00
Housekeeping	0,00	0,00	0,00	0,00	0,00	0,00
Tagung	0,00	0,00	12,00	0,00	0,00	0,00
Gesamt	**168,00**	**0,00**	**52,00**	**163,90**	**656,00**	**208,00**

	Juli	August	Sept.	Okt.	Nov.	Dez.
Gesamtbetrieb	295,25	276,00	160,00	12,00	246,00	4022,42
Restaurant	275,00	42,00	136,00	28,00	70,00	161,00
Küche	115,00	55,80	30,00	28,00	70,00	22,00
Hotel	0,00	80,00	80,00	0,00	5,00	0,00
Housekeeping	5,00	80,00	0,00	0,00	22,00	6,00
Tagung	233,20	0,00	12,00	12,00	28,00	29,00
Gesamt	**923,45**	**533,80**	**418,00**	**80,00**	**441,00**	**4240,42**

	Gesamt 2003
Gesamtbetrieb	5216,67
Restaurant	1025,00
Küche	978,80

Hotel	224,90
Housekeeping	113,00
Tagung	326,20
Gesamt	**7884,57**

Die Wiedergutmachungskosten bei Reklamationen werden am Umsatz des Teams gemessen (in Prozent). Je 0,01 Prozent gibt es einen Pixel Abzug, das heißt bei einem Prozent Kosten gibt es 100 Pixel Abzug. Ist die Rate null (keine Reklamationen), werden fünf Pixel gutgeschrieben. Dieser Faktor schlägt nur äußerst moderat zu Buche. Aber dennoch spiegeln Gästereklamationen natürlich die Qualität der den Gästen gegenüber erbrachten Leistungen, also unsere Servicequalität. Und die Servicequalität ist nun einmal eine tragende Säule unserer Philosophie.

Speziell in Bezug auf die Qualität einer Dienstleistung bieten sich außerordentlich gute und nachhaltige Chancen zur Wettbewerbsdifferenzierung. Denn die zahlreichen Faktoren, welche Servicequalität ausmachen können, sind vom Wettbewerber nur schwer kopierbar.

2.5.2 Umsatzziele

Im Rahmen der Jahreszielplantagung der Führungskräfte, die alljährlich im November stattfindet, werden die geplanten Umsatzzahlen von den Teamleitern selbst definiert. Natürlich bilden die letzten Jahre für die Vorausschau die Grundlage, und es wird genau abgeschätzt, welche wirtschaftliche Situation für das kommende Geschäftsjahr zu erwarten ist. Für die Erreichung der gemeinschaftlich vereinbarten Ziele zeichnet unsere Führungsmannschaft gemeinsam verantwortlich.

Das Erreichen der Umsatzziele wird gemessen an der prozentualen Abweichung vom Monatsziel. Ein Prozent Abweichung ergibt zwei Pixel Gutschrift oder Abzug. Beim Team unserer Azubis wird der Mittelwert aller Teams gerechnet.

An dieser Stelle mussten wir im ersten Jahr ganz sensibel prüfen, in welcher Höhe Pixelgutschriften bzw. -abzüge erfolgen sollen. Denn klar ist eines: Man kann noch so viele Erfahrungswerte aus vergangenen Jahren vorliegen haben, aber jede Voraussage über die Umsätze ist immer ein Schritt in die Ungewissheit.

Nun darf die Nichterreichung der Umsätze nicht so stark ins Gewicht fallen, dass ein ganzes Team total durchsackt, denn das würde bei sonst vermeintlicher Top-Leistung außerordentlich demotivierend wirken; andererseits muss aber trotzdem eine Tendenz der wirtschaftlichen Lage des Unternehmens erkennbar sein.

Es ist ja durchaus möglich, dass eines unserer Hochleistungsteams allerbeste Arbeit leistet, aber durch einen verregneten Sommer einfach nie ein «Gartengeschäft» aufkommt. Somit bleiben die Umsätze natürlich Lichtjahre hinter den Planzahlen zurück.In jedem Fall aber ist eine derartige Anpassung immer eine herausfordernde, verantwortungsvoll zu beschreitende Gratwanderung.

2.5.3 Zielkosten

Unsere Zielkosten werden ebenfalls monatlich als wichtige Kennzahl ermittelt. Jedes Team hat genaue Vorgaben, wie viel Prozent, gerechnet vom erzielten Monatsumsatz, an Kosten im entsprechenden Zeitraum «verbraten» werden dürfen.

Jeder Teamleiter muss also monatlich seine Umsatzzahlen im Blick behalten, um zu wissen, ob dieser Wert im Lot ist oder nicht. Auch hierfür ist jeder Abteilungsleiter verantwortlich. Gegebenenfalls dürfen keine Aushilfen eingeplant werden oder müssen auch einmal aktiv Plustage abgebaut werden. Hier wird folglich ganz stark unternehmerisches Denken vorausgesetzt.

Wir «verleasen» ja auch unsere Teamplayer innerhalb verschiedener Leistungsbereiche, das heißt, dass zum Beispiel ein Mitarbeiter aus dem Tagungsbereich kurzfristig für eine oder auch zwei Stunden im Restaurant aushilft, also «verleast» wird, wenn die Tagungsgäste gerade ihr Essen einnehmen. Somit benötigt der Leistungsbereich Tagung weniger Personaleinsatz, wohingegen das Restaurant-Team alle Hände voll zu tun hat und der Kollege aus der Tagung herzlich willkommen ist, um das Buffet nachzufüllen oder einfach ein paar Teller abzutragen. Durch dieses Instrument verbinden wir gleich mehrere Vorteile:

- Jeder Mitarbeiter lernt automatisch die Arbeitsabläufe der benachbarten Teams kennen, also eine Art Job-Rotation.
- Wir minimieren Leerlaufzeiten unserer Mitarbeiter.
- Speziell zu Zeiten bewussten Kostenmanagements senkt dieser Weg erheblich die generierten Teamkosten.

Das Erreichen der Zielkosten wird gemessen an der Prozentabweichung vom Monatsziel. Ein Prozent Abweichung ergibt zwei Pixel Abzug oder Gutschrift (bei Unterschreitung). Als Beispiel hier die Auswertung der Zielkosten für unser Küchenteam, ab Januar 2004:

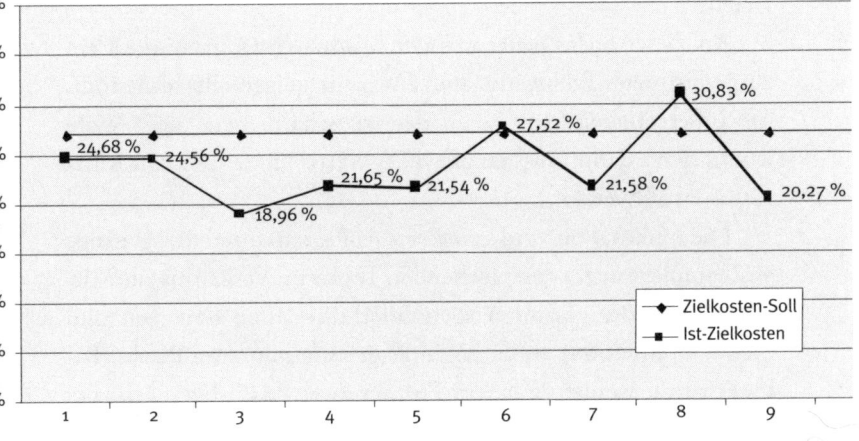

79

Hier ist deutlich die Abweichung von der Solllinie im August zu erkennen. In diesem Jahr hat uns der verregnete Sommer unsere Umsatzzahlen recht übel verhagelt. Somit hatten wir einen Mitarbeiterüberschuss in der Küche – und natürlich auch im Restaurant –, da man eingedenk des vergangenen Super-Sommers 2003 einfach zu optimistisch plante ...

Da diese Werte in direktem Zusammenhang mit den Umsatzzahlen liegen, musste auch hier im ersten Jahr sehr sensibel abgewogen werden, wie viele Pixel Zuwachs oder Abzug es gibt.

2.5.4 Fluktuation

Die Fluktuation stellt einen interessanten Indikator dafür dar, wie es innerhalb eines Teams «aussieht». Ist die Stimmung schlecht, wird sicherlich eine höhere Kündigungsrate vorliegen, als wenn alles optimal läuft und sich alle prächtig verstehen. Daraus können interessante Schlussfolgerungen gezogen werden: Häufen sich zum Beispiel in speziell einem Team die Kündigungen, müssen wir natürlich nachforschen, woran das liegt. Ist eventuell unser Teamleiter der falsche Mann? Ist er nicht in der Lage, die Mitarbeiter entsprechend der Unternehmenskultur zu führen und zu motivieren?

An dieser Stelle bietet uns der **MitarbeiterAktienindeX** ein ausgezeichnetes Frühwarnsystem. Warum steigen alle Team-Indices außer einem? Liegt es an der wirtschaftlichen Lage? Wohl kaum, denn dann müssten alle TIX-Werte Tendenzen von Kursverlusten aufweisen ...

Die Fluktuation wird gemessen als Prozentanteil der Abgänge an Teamplayern des entsprechenden Teams im Verhältnis zur Mitarbeiterzahl des gesamten «Schindlerhofs». Eine Rate von null (keine Fluktuation) ergibt einen Zugewinn von zwei Pixeln. Bei Fluktuation werden je einem Prozent zwei Pixel abgezogen. Bei

«Zuwachs», also einer Art negativer Fluktuation (minus × minus = plus), werden je einem Prozent Zuwachs zwei Pixel gutgeschrieben.

2.6 Zusätzliche Faktoren für den CIX

2.6.1 Reklamationskosten Gesamtbetrieb

Auch hier werden Reklamationen berücksichtigt, und zwar diejenigen, die keinem Team explizit zugewiesen werden können (vgl. hierzu die Grafik Reklamationskosten 2003 und die weiteren Ausführungen unter Teamfaktoren; ab Seite 76).

Die Wiedergutmachungskosten bei Reklamationen werden am Gesamtumsatz der Community gemessen (in Prozent). Je 0,01 Prozent gibt es einen Pixel Abzug, das heißt bei einem Prozent Kosten 100 Pixel Abzug. Ist die Rate null (keine Reklamationen), werden fünf Pixel gutgeschrieben.

2.6.2 Wareneinsatz

Der Wareneinsatz, einer der Hauptnerven in der Hotellerie, darf bei der Bewertung des Gesamtbetriebs auf keinen Fall fehlen. Alle Gastronomen und Hoteliers werden uns zustimmen, dass hiervon maßgeblich das Überleben eines Unternehmens unserer Branche abhängen kann.

Wird mit den zum Einsatz kommenden Waren nicht verantwortungsbewusst gewirtschaftet, kann ein Schiff wie die «MS Schindlerhof» ganz schnell dem Untergang geweiht sein.

Auch hier gibt es eine Sollvorgabe, wie hoch der Wareneinsatz sein darf. Abweichungen werden jeden Monat ermittelt und als Prozentwert in unserem Erfolgsspiegel publiziert. Jeder Prozentpunkt negativer bzw. positiver Abweichung führt zu zwei Pixeln Abzug oder Gutschrift.

2.6.3 Teamkosten

Zu guter Letzt gibt es noch einen Faktor, der auf den Community-Index Einfluss ausübt, nämlich die Kennzahl «Teamkosten». Auch dieser Wert wird – wie der Wareneinsatz – monatlich ermittelt und auf dem Erfolgsspiegel an das Team kommuniziert. Der Wert der gesamten Teamkosten liegt ebenfalls als Prozentwert vor. Pro einem Prozent Abweichung vom Sollwert werden entweder zwei Pixel gutgeschrieben oder abgezogen.

2.7 Die MAX-Software

Wie bereits erwähnt, hatten wir zunächst mit dem Kalkulationsprogramm Excel gearbeitet; alles wurde bestens eingerichtet und optimal konfiguriert. Dennoch kristallisierte sich schnell heraus, dass ein langfristig angelegter MitarbeiterAktienindeX mit dieser Excel-Standardlösung nicht machbar ist.

Im Oktober 2003 setzten wir uns mit einer jungen, dynamischen Softwareschmiede (netlands edv consulting GmbH aus Schweinfurt) zusammen und erstellten in tagelanger, mühevoller und akribischer Kleinarbeit ein Pflichtenheft, aus dem hervorging, was unsere neue Software-Anwendung alles können sollte. Der erste Schritt in Richtung Systematisierung war getan.

In Abstimmung und auf Anraten von netlands entschieden wir uns damals für eine Web-Applikation. Die Herren Payr (Geschäftsführer von netlands) und Krah (programmierte maßgeblich die Software) überzeugten uns, dass in derartigen Anwendungen die Zukunft liegt, vor allem vor dem Hintergrund, dass ein späterer Internetzugang durchaus im Rahmen des Möglichen lag. Momentan läuft die Anwendung im Intranet, also quasi nur innerhalb der Mauern eines Unternehmensnetzwerks. Schick wäre es natürlich, wenn die Mitarbeiter – egal ob krank oder im Urlaub – auch extern auf **MAX** zugreifen könnten. Direkt am Strand, mit einem leckeren Cocktail in der Hand und der Meeresbrise im Rücken lässt sich die monatliche Datenpflege doch bestens bewältigen, oder etwa nicht? Andererseits kann natürlich auch der Chef mal eben vom 19. Loch (= Clubhaus) den CIX checken … All das ist denkbar und recht einfach realisierbar, denn mit der Web-Applikation haben wir bereits die entsprechende Infrastruktur bereitgestellt.

Selbst wenn ein Auftraggeber wünscht, die Datenverwaltung außer Haus laufen zu lassen, also praktisch die **MAX**-Datenpflege «outgesourct» wird, wie man so schön auf Neudeutsch sagt, ist dies mit einer Web-Anwendung durchaus im Bereich des Möglichen.

Diese Software verwenden inzwischen nicht nur wir, sondern auch andere Unternehmen. Es gibt sie in zwei Varianten, einmal für Unternehmen mit bis zu ca. 25 Mitarbeitern und einmal für größere Unternehmen. Wie funktioniert sie im Einzelnen?

2.7.1 Funktionsweise

Vorausgeschickt sei, dass ein Unternehmen auf jeden Fall einen **MAX**-Beauftragten benötigt, der administrative Aufgaben erfüllt, wie zum Beispiel

*   neue Mitarbeiter-Stammdaten anlegen und den jeweiligen Teams zuteilen,
*   den Unternehmensbogen ausfüllen oder auch die TIX-CIX-Grafik ausdrucken, die bei uns im «Schindlerhof» jeden Monat veröffentlicht wird.

Der **MAX**-Beauftragte stellt die höchste hierarchische Stufe der Software dar, denn bei ihm laufen alle Fäden zusammen.

Davon abgesehen bietet die Software außerordentlich individuelle Zugriffsmöglichkeiten: Jeder Mitarbeiter, der Zugriff zum PC hat – bei uns sind das mit einigen Ausnahmen fast alle Mitarbeiter –, kann sich über den Stand seiner Pixel informieren. In der Regel haben die Mitarbeiter immer nur Zugriff auf ihren eigenen Datensatz und die Teamleiter auf alle Datensätze ihres Teams, also auch auf die Werte der Teammitglieder.

Dazu loggt sich der Mitarbeiter mittels Passwort auf der Startseite ein (siehe Grafik):

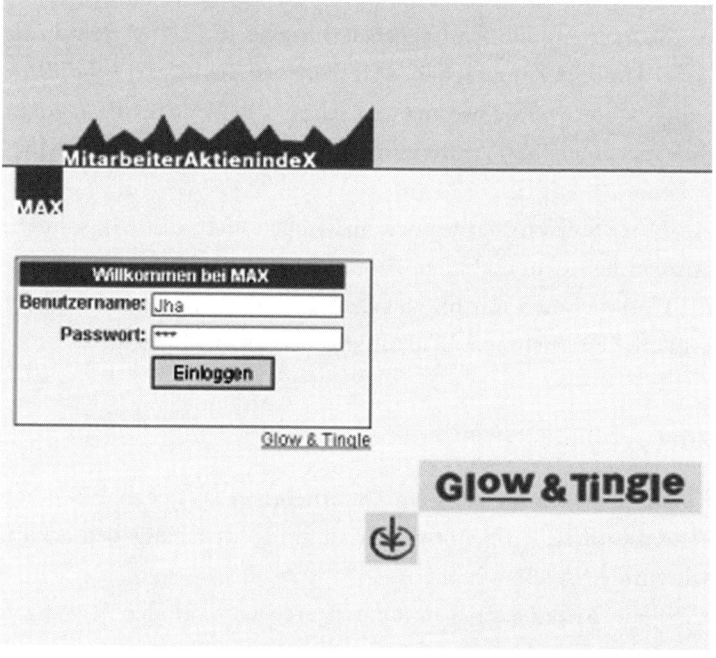

Von dort gelangt er zunächst zu seiner persönlichen Startseite:

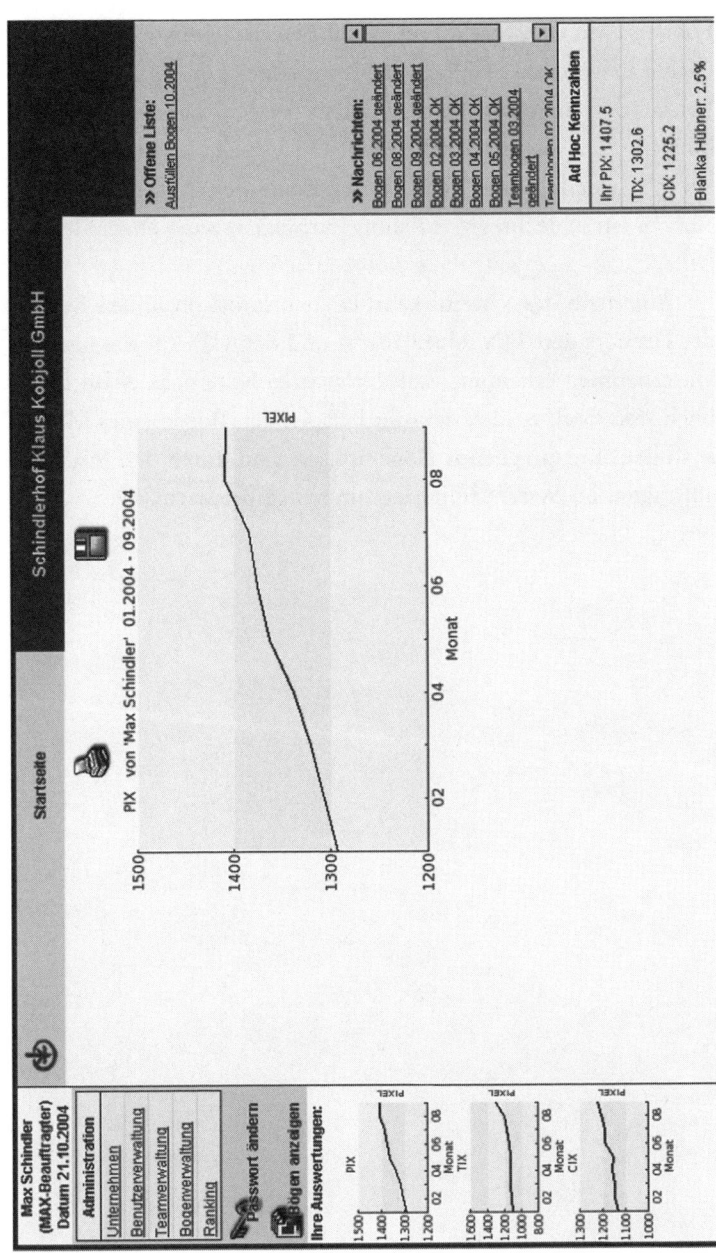

Hier erkennt er sofort im mittleren Bereich seinen eigenen aktuellen Kursverlauf. Er blickt also mit jedem Log-in wie in einen Spiegel und kann die Tendenz seiner persönlichen Wertentwicklungskurve visuell nachvollziehen. Die visuelle Darstellung ist ja ein zentraler Baustein des Systems, denn viele Menschen haben einfach ein schlechtes Vorstellungsvermögen, was Kennzahlen betrifft.

Innerhalb des Systems kann er auch sofort im linken Bereich des Fensters den TIX seines Teams und den CIX für das gesamte Unternehmen erkennen. Auf der rechten Seite sieht er im Überblick, was noch zu tun ist, zum Beispiel den Bogen eines Monats ausfüllen. Entsprechende Bogenmuster sind durch den MAX-Beauftragten im System hinterlegt und abgespeichert:

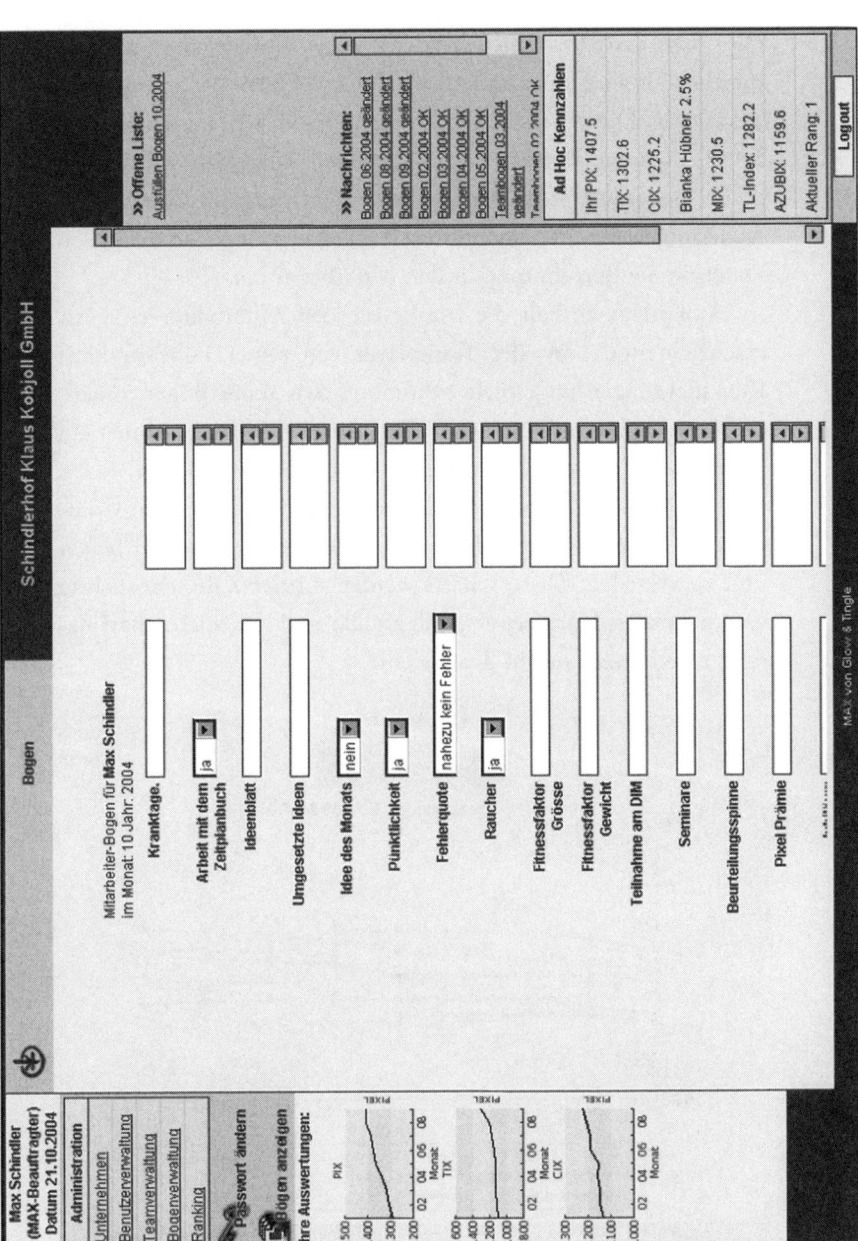

Hier trägt der Mitarbeiter seine relevanten Monatsdaten ein und speichert sie ab. Der komplette neu erfasste Datensatz gelangt zum Teamleiter. Dieser ersieht aus seiner offenen Liste (auf der rechten Seite), dass der Bogen eines Mitarbeiters ausgefüllt wurde und gecheckt werden muss. Der Teamleiter genehmigt ihn oder nimmt Änderungen vor. Erst von diesem Augenblick an gehen die neuen Daten in die Berechnung für den Mitarbeiter ein.

Außerdem enthält die Maske für den Mitarbeiter eine Art Nachrichtenbox, wo der Teamplayer von seiner Führungskraft Rückmeldungen zugespielt bekommt, dass seine Bögen gegencheckt und genehmigt oder geändert wurden. So hat er immer ein klares Feedback bezüglich seiner selbst ausgefüllten Bögen.

Der **MAX**-Beauftragte hat monatlich die Aufgabe, den Community-Index im Vergleich mit allen Teamwerten auszudrucken und zu verteilen. Diese Charts werden mittlerweile sehnsüchtig vom gesamten Team erwartet, denn alle sind natürlich scharf darauf, zu erfahren, wo ihr Team steht:

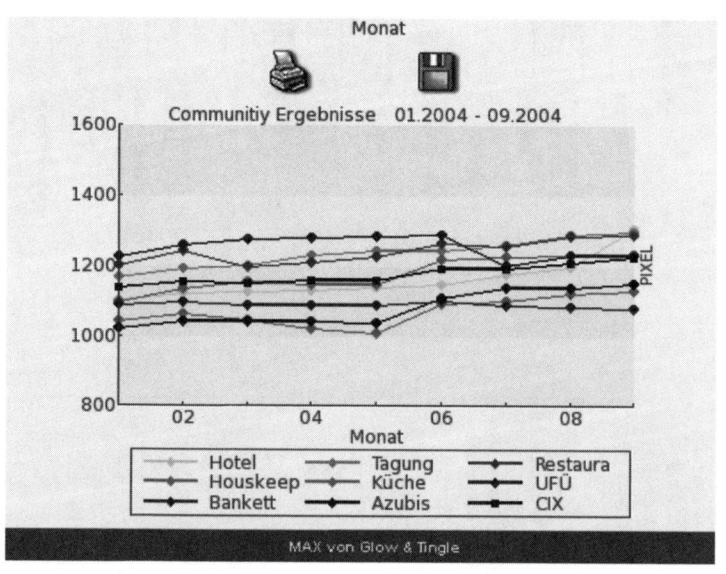

3. MAX wird selbstbewusst – MAX im Spannungsfeld zwischen Ratio und Emotio

«Erkenne dich selbst.» So stand es auf dem Dachfirst des Tempels von Delphi bereits vor rund zweieinhalbtausend Jahren. Selbstreflexion ist in zweierlei Hinsicht ein Leitmotiv des **MitarbeiterAktienindeX**. Einmal reflektierten wir selbst in seiner Entwicklungsgeschichte immer wieder über die Werte und Ziele, die Stärken und Schwächen von Menschen und die Möglichkeit, diese Faktoren in einem Index abzubilden. Und genau dies empfehlen wir jedem Anwender des **MitarbeiterAktienindeX**, um zu einer für ihn optimalen Abbildung des innerbetrieblichen Anforderungsprofils zu kommen.

Zum anderen sehen wir den **MitarbeiterAktienindeX** als wirkungsvolles Instrument an, Mitarbeiter zur Selbsterkenntnis anzuleiten. Wir sind der Überzeugung, dass selbstreflexive Menschen ein gesundes Selbstvertrauen besitzen und wissen, wohin sie steuern und warum sie dies tun. Selbstreflexive Mitarbeiter (er)kennen ihre Stärken und Schwächen, handeln eigenverantwortlich und öffnen sich im Zuge von Leistungsbeurteilungen für überprüfbare Leistungskriterien und konstruktive Kritik. Sie sind in der Lage, sich selbst realistisch einzuschätzen und sich realistisch beurteilen zu lassen.

Mitarbeiter mit einem geringen Grad an Selbsterkenntnis laufen dagegen Gefahr, dass sie Leistungsprofile als Bedrohung oder Misserfolgsfaktor empfinden. Sie können zudem nicht oder nicht klar einschätzen, ob ihre Arbeit mit ihren inneren, nicht reflektierten Zielen und Werten übereinstimmt. Gibt es hier eine Lücke, leidet oder fehlt die Motivation, die Hingabe an die Arbeit, die nicht auf Geld oder Status beruht; leidet oder fehlt die Bereitschaft, Ziele mit Energie und Ausdauer zu verfolgen.

Mit der Anerkennung und Berücksichtigung des «weichen» Faktors Selbstreflexion hinter den überprüfbaren «harten» Erfolgsfaktoren, unseren Zutaten für den **MitarbeiterAktienindeX**, bewegt sich dieser im Spannungsfeld zwischen einer sachbezogenen und einer emotionsbezogenen Führungspraxis. Das vorherrschende Führungsdenken lässt sich – in Anlehnung an das populär gewordene Gehirnmodell von Roger Sperry aus den Siebzigerjahren des vergangenen Jahrhunderts – polarisieren als linkshirn- bzw. rechtshirnorientiert, als ratio- bzw. emotionsbetont. Kaum ein Gegensatzpaar drückt dies für die Arbeitswelt prägnanter aus als der von Abraham Zaleznik benutzte Begriff «Real Work» und die von Daniel Goleman in die Diskussion gebrachte «emotionale Intelligenz». Aber auch die praktischen Auswirkungen der Unterscheidung zwischen «Scientific Management» und Motivationspsychologie, die ihren Niederschlag im Spannungsfeld aus Führungstechnik und Führungspsychologie finden, verdienen eine genauere Betrachtung aus dem Blickwinkel des **MitarbeiterAktienindeX**.

Als weitere Spannungsfelder der Unternehmenspraxis, in denen sich der **MitarbeiterAktienindeX** als Mittler bewähren kann, besprechen wir Selbststeuerung und Fremdsteuerung, Selbstverantwortung und Fremdverantwortung, Individualität und Konformität sowie Unterschiede und Ähnlichkeiten im Denken und Verhalten von Mitarbeitern.

3.1 «Real Work» und «emotionale Intelligenz»

«Real Work» (wirkliche Führungsarbeit), so der Titel eines 1989 veröffentlichten Beitrages von Abraham Zaleznik, Professor emeritus für Führungslehre an der Harvard Business School, steht für die These, dass sich Führungskräfte auf ihre Sachaufgaben konzentrieren sollen: Produkte, Kunden, Märkte. Zaleznik setzte bewusst einen Kontrapunkt zur Auffassung der Human-Relations-Schule, gute Führung sei Psychologie und habe sich mit sozialen Beziehungen und reibungsloser Zusammenarbeit zu befassen.

Die Überzeugung Zalezniks ist gleichzeitig ein Gegenpol zu Daniel Golemans Forschungsergebnissen. Soziale Kompetenz ist für diesen mehr als ein «nice to have». Den größten Einfluss auf die Karriere bzw. die Leistung einer Führungskraft hat nach Goleman die emotionale Intelligenz und nicht die Intelligenz im herkömmlichen Sinne oder die fachlichen Fähigkeiten. Diese müssen zwar vorhanden sein, die emotionale Intelligenz soll aber 90 Prozent der Unterschiede im Leistungsprofil der Manager erklären. Emotionale Intelligenz zeigt sich im Vorhandensein von Selbstreflexion, Selbstkontrolle, Motivation, Empathie sowie sozialer Kompetenz.

Was bedeutet die Diskussion um «Real Work» und «emotionale Intelligenz» für die Praxis? Nun, der **MitarbeiterAktienindeX** bewegt sich genau in diesem Spannungsfeld unterschiedlicher Auffassungen von Führung und Eigenschaften von Führungskräften.

Betrachten wir dies am Beispiel des «Schindlerhofs». Selbstverständlich ist der «Schindlerhof» ein Wirtschaftsunternehmen mit klaren ökonomischen Zielen, die nur dank großer fachlicher Kompetenz unserer Mitarbeiter erreicht werden können. Hierbei geht es in erster Linie um Arbeitsqualität, Prozessgestaltung, Fachwissen, Können und Organisation des eigenen Aufgabenbereiches.

Andererseits gibt es im «Schindlerhof» wie in jedem Unternehmen eine soziale Struktur, die wir ganz bewusst als Spielkultur bezeichnen. Ich habe bereits in meinem Buch «Motivaction» festgehalten, dass das Wort «Personal» ein Schimpfwort ist, dass die Mitarbeiter im «Schindlerhof» «Mitglieder eines Ensembles» sind. Und diese Mitglieder haben in einer Mitarbeiterbefragung folgende Hitliste ihrer Bedürfnisse im Arbeitsleben aufgestellt:

- erstens Anerkennung für gut geleistete Arbeit,
- zweitens genaue Kenntnis der Produkte und Firmenzielsetzung,

- drittens Eingehen auf private Sorgen,
- viertens der gesicherte Arbeitsplatz
- und erst an fünfter Stelle das gute Einkommen.

Deswegen benötigen die Führungskräfte im «Schindlerhof» neben der fachlichen Kompetenz eine hohe soziale Kompetenz. Sie sind in der Lage, Gruppenprozesse sensibel wahrzunehmen, die sie dann im Sinne des Unternehmens gestalten und steuern. Sie sind teamfähig, kooperationsfähig und – vor allem: Sie haben Talent zur Mitarbeiterförderung. Das Zitat eines Seminarteilnehmers bringt es auf den Punkt: «Jeder, der ein Unternehmen mit mehr als zwei Mitarbeitern leitet, betreibt eine Klinik.»

Das bedeutet selbstverständlich nicht, dass im «Schindlerhof» unter Führung das Ziehen sämtlicher «Register der Psychopolitik» (Zaleznik) verstanden wird. Aber wir verfolgen quantitative und qualitative Ziele, Sachthemen und mitmenschliche Themen. Letztlich besteht Führungskunst in der Fähigkeit, ein Gleichgewicht zwischen den beiden Polen zu finden.

Welche Rolle spielt dabei der **MAX**? Die bislang gesagten Dinge sind für sich genommen nicht besonders innovativ. Viele andere Firmen denken und handeln ähnlich. Es funktioniert, es ist in Ordnung, aber es ist nicht spannend. Wenn Professor Kleiber-Wurm Recht hat, dass wir in der Wirtschaft an einem Bifurkationspunkt, also an einem Punkt der Vergabelung, angelangt sind, an dem die einen Unternehmen abheben, immer erfolgreicher werden, andere hingegen immer mehr zurückfallen, und wirklich der Grund für die Defibrierung darin liegt, dass bei den Guten die Arbeit LUST bedeutet und bei den eher Schlechteren LAST (also nur ein Buchstabe Unterschied), dann wird es höchste Zeit, dass wir diesen hedonistischen, lustvollen, spielerischen Ansatz jetzt noch besser in die Beurteilung von Mitarbeitern einbeziehen. Und genau das ist das Thema dieses Buches.

Der **MitarbeiterAktienindeX** macht den Mitgliedern unseres Ensembles auf spielerische und bildhafte Weise klar, dass sie selbst betriebliche Leistungsträger sind. Die Basis dafür sind die Zutaten für den Mix aus sachzielorientierten unternehmerischen Erfolgsfaktoren (Umsätze, Kosten, Gewinne, Kundenzufriedenheit) und persönlichen Erfolgsfaktoren (Wissen, Können, Gesundheit). Das Gefühl, etwas leisten zu wollen und etwas geleistet zu haben, bekommt eine konkrete zahlenmäßige und bildhafte Ausdrucksform: Wie ist meine Entwicklung? Wie die des Teams? Wie die der Community? Die Lust an der Leistung wird befördert durch ihre spezielle Spiegelung im Kursverlauf. Die Indices wirken wie der Medaillenspiegel der Olympischen Spiele. Jeder sieht seinen individuellen Beitrag zum Gesamterfolg des Teams.

Der **MitarbeiterAktienindeX** berücksichtigt damit die sachlichen und die zwischenmenschlichen Belange der Arbeit, «Real Work» und die «emotionale Intelligenz». Er kann verstanden werden als ein sehr wirkungsvolles Ritual, als eine Formgebung für die Arbeitsabläufe.

Rituale, Regeln, Gewohnheiten im Miteinander der Menschen gibt es in jedem Unternehmen. Im «Schindlerhof» praktizieren wir viele solcher Rituale. Wir haben sie seit 1984 verfeinert und kultiviert und nennen sie «Fringe Benefits» oder intern «Puderzucker».

Dazu zählen das Glas Champagner mit Blumenstrauß am ersten Arbeitstag, das Geschenk mit Dankbrief vor jedem Urlaub, die Tafel Schokolade zur Wiedereinstimmung auf die Arbeit nach dem Urlaub, Geburtstagsrituale, Ausflüge mit Lehrlingen, eine Weihnachtsfeier. Sehr viele Rituale haben mit Beförderungen zu tun, selbst mit der Verabschiedung eines Mitarbeiters, der gekündigt hat, und zwar in Form einer kleinen Party, wo der Betreffende noch einmal gewürdigt wird. Alles das sorgt natürlich dafür, dass das Unternehmen gute Beziehungen zu seinen Mitarbeitern aufbaut, was wiederum dazu führen kann, dass diese Mitarbeiter unsere Kunden, unsere Gäste süchtig auf die Leistungen unseres Unternehmens machen.

Der **MitarbeiterAktienindeX** ist ein Ritual. Er ritualisiert die Leistungsmessung des Einzelnen, des Teams und des gesamten Unternehmens. Das wirkt wie im Sport die Zeit- und Weitenmessung oder das Zählen von Toren und der automatische Vergleich mit früheren Ergebnissen.

Und genau in diese Philosophie passt das von Zaleznik zitierte Beispiel von Eingeborenen, das auf Fritz Roethlisberger zurückgeht und aus den Vierzigerjahren des vergangenen Jahrhunderts stammt: Die Bewohner der Trobriand-Inseln in Neuguinea befolgten über Generationen hinweg ein Kula genanntes Ritual beim Tauschhandel mit Nahrungsmitteln und anderen Wertgegenständen. Neben dem Warenhandel selbst – im modernen Sinne das sachorientierte Unternehmensziel – wurden Perlen ausgetauscht, die an sich weder als Tauschmittel noch als Schmuck dienten. Der Austausch der Perlen war fester Bestandteil des Rituals und Ausdruck klar definierter sozialer Beziehungen, Ausdruck der Zugehörigkeit zum Stamm und der damit verbundenen Bereitschaft, den geltenden Regeln nachzukommen. Heute würden wir von Unternehmenskultur oder Corporate Culture sprechen.

Noch ein Beispiel, das klar machen soll, dass die Mitglieder eines Unternehmens und ihre sozialen Beziehungen untereinander sowie zum Kunden eine große Rolle spielen können in einer Welt, in der die Produkte immer austauschbarer werden. Es stammt von Tom Peters. General Motors gab eine Studie in Auftrag, um herauszufinden, weshalb die Autofahrer ein GM-Auto kaufen würden und aus welchen Gründen sie der Marke treu bleiben würden.

Die Ergebnisse waren frappierend, denn an erster Stelle der

Rangliste der Käufer stand nicht das Produkt selbst, sondern die Rezeptionistin des Autohauses. Auch an zweiter und dritter Stelle tauchte nicht das Produkt auf, sondern die Person des Kundendienstleiters bzw. die Dame an der Kasse.

Dieser Fall zeigt, dass sich Unternehmen durch die Menschen im Unternehmen voneinander unterscheiden. Und die Menschen repräsentieren und leben eine ganz spezifische Unternehmenskultur. Das ist ein Thema des Instrumentes TUNE. TUNE ist ein Messinstrument für emotionale Werte, eine Anzeige für Klima und Stimmung. Wir haben es auf Seite 39 kurz erläutert.

Nach unserer Überzeugung und Erfahrung spielt der **MitarbeiterAktienindeX** eine wesentliche Rolle in der Unternehmenskultur. Als ritualisierte, spielerische und transparente Visualisierung der Leistungsbereitschaft und der Leistungsfähigkeit des Einzelnen, des Teams und der Community ist er ein innovatives Unterscheidungsmerkmal. Er signalisiert dem Kunden die Werte Offenheit, Eigenverantwortung und Vertrauen und spricht damit die emotionale Seite der Kundenbeziehung an, hinter der sich sehr wohl harte, überprüfbare Fakten («Real Work») verbergen. **MAX** fungiert damit als Messinstrument für harte und weiche Faktoren, die den einzelnen Mitarbeiter auszeichnen, aber auch Teams bzw. das gesamte Unternehmen.

«Real Work» und «emotionale Intelligenz» können also als Gegenpole verstanden werden; ein Unternehmen muss allerdings beide Seiten zeigen und leben. Die Kunst besteht darin, das Gleichgewicht in dem Spannungsfeld der Gegensätze zu finden. Dies ist ein nie ruhender, dynamischer Prozess – genau wie der **MitarbeiterAktienindeX** in einem erfolgreichen Unternehmen eine nie ruhende, dynamische Aufwärtsentwicklung nimmt.

Lassen wir zum Abschluss noch einmal Abraham Zaleznik zu Wort kommen, der in der Nachbetrachtung seines Beitrages aus dem Jahre 1989 zugesteht, dass eine der Pflichten des Unternehmenschefs darin besteht, «die Spannungen zu beherrschen, sodass die ritualisierte und die substanzielle Erfüllung der Aufgaben ausgewogen erfolgen. Dazu muss er immer wieder neu festlegen, wie ein solches Gleichgewicht auszusehen hat.» Nicht mehr, aber auch nicht weniger leistet der **MAX**.

3.2 Hygienefaktoren und Motivatoren – Was bringt Mitarbeiter in Schwung?

Lord Kelvin, der Doyen der viktorianischen Wissenschaftler, soll gesagt haben: «Jede Wissenschaft beginnt mit Messungen.» Dieses Credo, alle Aspekte des Lebens aufgrund von überprüfbaren Zahlenwerten zu analysieren, prägte auch die seit dem 19. Jahrhundert so genannte «wissenschaftliche Unternehmensführung», die insbesondere mit dem Namen Frederick W. Taylor verbunden ist. Seine Erkenntnisse über die Wirkung der Arbeitsteilung haben den modernen Kapitalismus nachhaltig beeinflusst und seinen Autor durch den Begriff des Taylorismus verewigt. Der rationale oder wissenschaftliche Ansatz prägt bis heute das unternehmerische Denken und auch die Personalführung.

Die linkshirnig orientierte Führungslehre stützt sich entweder auf die Organisationstheorie oder auf eine eher technische Methodik. Gemäß dieser Organisationstheorie besteht die Hauptaufgabe der Personalführung in vernünftig organisierten Arbeitsabläufen, die zu wirkungsvollen Aufgabenstrukturierungen und damit zu günstigen Arbeitseinstellungen und der bestmöglichen Produktivität führen.

Die eher technischen Ansätze basieren auf einer maschinenhaften Sicht der Mitarbeiter. Die Menschen funktionieren weitgehend mechanistisch und sind ökonomisch motiviert. Geeignete Anreizsysteme und eine effiziente Anpassung des Einzelnen an die optimierten Betriebsabläufe garantierten das höchste Maß an Produktivität.

Doch dies ist nur eine Seite der Medaille. Die andere ist die sozialwissenschaftlich beeinflusste Denkweise, eine auf der Verhaltensforschung beruhende Philosophie zur Personalführung (Stichwort «Human Relations»). Diese richtet ihr Augenmerk auf (Gruppen-)Gefühle, persönliche Einstellungen und zwischenmenschliche Beziehungen. Und schon bewegen wir uns wieder im Spannungsfeld zwischen Ratio und Emotio. Und genau dort zeigt der **MitarbeiterAktienindeX** seine Fähigkeit, die beiden Seiten zu verbinden. Seine Zutaten bestehen ja gerade aus messbaren Größen wie Anzahl der Seminartage, Body-Mass-Index, Kranktage, aber auch aus Größen, die die Qualität der Arbeitsorganisation abbilden wie Arbeit mit dem Zeitplanbuch, Ideenblätter und Pünktlichkeit.

Selbst die *human relations* finden Berücksichtigung: Beurteilungsspinne, Jubiläum, gelbe Karte – all das sind Komponenten, die zwar durch eine Zahl, ausgedrückt in den Index, mit einfließen, vorausgegangen sind aber Gespräche und Diskussionen um Ziele, Karriere, Konfliktlösung, Gefühle, Leistungsbeurteilung usw.

Auch hier gilt wieder das «Sowohl-als-auch» anstatt des «Entweder-oder» im Einsatz der Mittel, die sich verschiedenen Richtungen der Führungsphilosophie zuordnen lassen. **MAX** bilanziert einen spannungsgeladenen und kreativen Prozess aus Fakten und Fühlen. Die anhaltende Dynamik dieses Prozesses treibt im Optimalfall das Unternehmen zu immer neuen Höchstleistungen, die ihren Ausdruck auch im **MitarbeiterAktienindeX** finden. Deswegen ist der jeweilige Zahlenwert rational und emotional hochwertig geladen. Bringt er deswegen unsere Mitarbeiter in Schwung?

Lassen wir Frederick Herzberg zu Wort kommen, der 1968 in

einem noch heute viel beachteten Artikel im «Harvard Business Review» darlegte, «was Mitarbeiter in Schwung bringt» – so auch der deutsche Titel des Originals «How do you motivate employees?». Die zentrale Aussage Herzbergs: «Vergessen Sie Lob, vergessen Sie Bestrafung, vergessen Sie Geld. Um Mitarbeiter wirklich zu motivieren, müssen Sie deren Arbeit interessanter gestalten.» Diese Erkenntnis resultiert aus Herzbergs Zwei-Faktoren-Theorie.

Auf der einen Seite gibt es in jedem Unternehmen so genannte Hygienefaktoren, die die Arbeitsumgebung betreffen: die Firma selbst sowie die Firmenpolitik, die Art der Überwachung, die Arbeitsbedingungen, Status, Sicherheit und selbstverständlich das Gehalt. Diese Faktoren führen dauerhaft zu keiner zusätzlichen Motivation, aber zu Unzufriedenheit, wenn sie fehlen.

Davon unterscheidet Herzberg die «Motivatoren», die mit den Arbeitsinhalten zu tun haben: Anerkennung von Leistung, Stolz auf gute Arbeit, Verantwortung und Selbstverwirklichung. Das Vorhandensein der Hygienefaktoren ist nach Herzbergs Untersuchungen notwendig, aber nicht hinreichend, um die Mitarbeiter in Schwung zu bringen. Nur vielseitige, sinnvolle Arbeit motiviert die Menschen. Die Unternehmensführung hat demzufolge für entsprechend angereicherte Tätigkeiten zu sorgen.

Dieses «Job-Enrichment» zählt zwar mittlerweile zu den klassischen Konzepten der Mitarbeiterführung, sicherlich aber nicht zum Allgemeingut der Unternehmenspraxis. Wir haben die berechtigte Hoffnung, dass der **MitarbeiterAktienindeX** hier einen Brückenschlag schaffen kann: Er beinhaltet auf direkte Art Hygienefaktoren (zum Beispiel Pixelprämien, Umsatzziele, Know-how-Verlust) und auf indirekte Art Motivatoren. Er belohnt Verantwortung für die eigene Arbeit und das gesamte Unternehmen (zum Beispiel Pünktlichkeit, Weiterbildung, Ideenblätter) sowie für die eigene Gesundheit (zum Beispiel Nichtrauchen, Body-

Mass-Index). Und er berücksichtigt die im «Schindlerhof» seit langem bewährte Beurteilungsspinne und das damit verbundene Karriere- oder Orientierungsgespräch. Auch hier gilt das oben Gesagte: **MAX** bilanziert einen spannungsgeladenen und kreativen Prozess, der verschiedene Arten der Mitarbeitermotivation berücksichtigt und austariert. Das Thema Motivation und **MitarbeiterAktienindeX** ist so zentral und aktuell, dass es jetzt aus einer neuen Perspektive betrachtet werden soll.

3.3 Motivation und Motivierung – Selbststeuerung und Fremdsteuerung

3.3.1 Die Frage nach dem Warum und nach dem Wie

Beginnen wir mit einer Geschichte, die der amerikanische Sozialpsychologe Alfie Kohn gerne erzählt. Es handelt sich um die Geschichte eines alten Mannes, der jeden Tag von einer Gruppe von zehnjährigen Kindern beschimpft wird, die auf ihrem Rückweg von der Schule an seinem Haus vorbeikommen.

Eines Tages entwarf der Mann angesichts neuerlicher Tiraden über seine angebliche Dummheit und Hässlichkeit einen Plan. Am nächsten Montag fing er die Kinder auf seinem Rasen ab und versprach, dass jeder, der am nächsten Tag wiederkäme und die Gemeinheiten über ihn herausbrüllen würde, einen Dollar bekäme. Am Dienstag tauchten die Schüler ganz aufgeregt früher als sonst auf und verbreiteten ihr Spottgeschrei. Wie versprochen bekam jeder seinen Dollar, verbunden mit der Erklärung: «Wenn ihr das morgen wieder genau so macht, bekommt ihr 25 Cents für eure Mühe.» Die Kinder dachten, dass das immer noch ein gutes Geschäft sei, und kamen am Mittwoch wieder, um den alten Mann in gewohnter Weise zu verhöhnen.

Beim ersten Auspfeifen erschien der Mann mit einer Hand voll 25-Cent-Stücken, zahlte die Kinder aus und kündigte an: «Von heute an kann ich euch nur noch einen Penny dafür geben.» Die Schüler sahen sich ungläubig an. «Ein Penny?», wiederholten sie verächtlich. «Vergessen Sies.» Von diesem Tage an kamen sie nie wieder. Der Plan des alten Mannes war so genial wie einfach. Er zerstörte die innere Motivation der Kinder, die auf Freiwilligkeit und Spaß beruhte, indem er sie mit einer Belohnung köderte. Als dieser äußere Anreiz verschwand, verschwanden auch die Kinder. Dieses Phänomen ist der Kern von Alfie Kohns Argumenten gegen Belohnungssysteme, die auf dem Motto «Tue dies, dann bekommst du jenes» basieren. Sein Buchtitel «Punished by Rewards» bringt seine Überzeugung treffend zum Ausdruck.

Von Kohn können wir den Bogen zurückschlagen zu Frederick Herzbergs Zwei-Faktoren-Theorie. Mit Blick auf den Hygienefaktor Geld argumentiert Herzberg, dass eine zu geringe Bezahlung zwar verärgernd und demotivierend wirken kann, der Umkehrschluss deswegen aber deshalb noch lange nicht gilt. Mehr und mehr Bezahlung führt nicht zu wachsender Zufriedenheit oder höherer Motivation.

Die Diskussion um Hygienefaktoren und Motivatoren, um das, was Mitarbeiter in Schwung bringt, hat im deutschsprachigen Raum in jüngster Zeit neue Impulse durch die Veröffentlichungen von Reinhard K. Sprenger bekommen. In «Mythos Motivation» beschreibt er die kontraproduktiven Folgen weit verbreiteter Anreizsysteme. Wir wollen hier dem falschen Schluss zuvorkommen, der **MitarbeiterAktienindeX** sei ein weiteres Anreizsystem, das auf äußere Antriebskräfte setzt, und zeigen, wie sich der **MitarbeiterAktienindeX** im Spannungsfeld zwischen Selbststeuerung und Fremdsteuerung bewegt.

Motivation bedeutet nach dem Herkunftswörterbuch der

deutschen Sprache (für unseren Zusammenhang passend) «Beweggrund, Antrieb; Leitgedanke». Entsprechend bedeutet motivieren «begründen; zu etwas bewegen, anregen, Antrieb geben». Typisch ist die in der zweiten Hälfte des 20. Jahrhunderts aufkommende Verwendung im Sinne von «zu etwas bewegen», die den Gebrauch des Wortes im Sinne von Fremdsteuerung einschränkt.

Im Vordergrund steht die Frage nach dem Wie: Wie kann ich jemanden veranlassen, etwas Bestimmtes zu tun? Wie kann ich jemanden veranlassen, sich zu bewegen?

Ich besitze einen Tierheimhund, eine Airedale-Terrier-Hündin, die mit etwa einem Jahr zu uns kam. Sie stand im Tierheim stocksteif in ihrem Käfig und war fast nicht dazu zu bewegen, das «Gefängnis» zu verlassen. Die richtigen «Leckerli» und eine wohl dosierte Portion guten Zuredens brachten sie letztlich dazu, die ersten Schritte mit mir zu gehen. Heute kommt sie in Sekundenschnelle, wenn es die «Leckerli» gibt. Genauso oft reicht auch ein einfaches, freundliches Rufen. Dennoch ist die Hündin nicht motiviert, zu mir zu kommen. Sie geht lieber schnüffeln. Ich bin es, der sie motiviert, zu etwas bewegt. Im anderen Falle sind es die guten Gerüche und neuesten Nachrichten in der Hundepost, die sie anregen.

Was wir hier beschreiben, ist die positive Variante der Methode KITA *(kick in the ass* = Tritt in den Allerwertesten), so benannt und abgekürzt von Frederick Herzberg. Die Mehrzahl der Manager glaubt noch heute, dies sei Motivation. «Wenn Sie die von mir erwartete Leistung bringen, bekommen Sie Anerkennung, den entsprechenden Status in unserer Firma, den wohlklingenden Titel, den Aufstieg auf der Karriereleiter, das gewünschte Einkommen oder irgendeine andere Belohnung.» (Die negative Ausprägung wäre etwa: «Entweder Sie machen das jetzt ordentlich oder es passiert das und das.»)

KITA ist keine Motivation. Das ist der Tenor der wegweisenden Arbeiten von Herzberg, Kohn und Sprenger. KITA und etliche ausgefeilte Varianten davon setzen auf Anreize von außen, auf Fremdsteuerung. Das mag kurzfristig Wirkung zeigen, langfristig erfordert dieser Weg aber immer neue und teurere Anreizsysteme: «Wann kommt der Chef mit dem neuesten Kick und lockt mich aus der Reserve?»

Sprengers zentrale These dazu lautet: «Alles Motivieren ist Demotivieren.» Die unter dem Schlagwort Motivation eingesetzten Methoden der Verhaltensbeeinflussung führen zu kontraproduktiven Ergebnissen. In «Mythos Motivation» kritisiert Sprenger das breit gefächerte Instrumentarium der Anreizsysteme, das er in fünf große Bs einteilt:

- *be*lohnen,
- *be*lobigen,
- *be*stechen,
- *be*drohen,
- *be*strafen.

Die Essenz lautet jeweils, dass die als Motivation verstandenen Maßnahmen in letzter Konsequenz die Motivation zerstören, weil sie nicht die Leistung fördern, sondern die Fixierung auf das Zuckerbrot und die Peitsche. Es geht nicht mehr um die Arbeit, sondern um das Erreichen der Belohnung bzw. um die Vermeidung der Bestrafung. Kurz: Anreizsysteme motivieren die Mitarbeiter, noch mehr Belohnungen zu bekommen. Eine weitere Begriffsklärung ist für den Fortgang notwendig.

Bei dem bisher Gesagten handelt es sich um die so genannte extrinsische Motivation: Ich lasse mich bewegen. Ihr gegenüber steht die intrinsische Motivation: Ich bewege mich. Der Mitarbeiter erbringt die Leistung aus eigenem Antrieb, weil er sich für die Arbeit selbst interessiert, weil er eine Leidenschaft für die Arbeit entwickelt. Goleman charakterisiert diese Selbststeuerung folgendermaßen: «Leistungsmotivierte Menschen suchen nach kreativen Herausforderungen, lernen gern und sind auf eine erfolgreich abgeschlossene Arbeit sehr stolz. Sie bemühen sich auch unermüdlich, die Dinge noch besser zu machen, und sind selten mit dem Status quo zufrieden. Sie hinterfragen hartnäckig alle Arbeitsabläufe und sind begierig darauf, etwas Neues auszuprobieren.» Tom Peters hält dafür die Kurzform «Du bist der CEO deines Lebens» bereit. Alfie Kohn empfiehlt: «Der Arbeitgeber bezahlt seine Mitarbeiter gut und fair und tut dann alles, damit sie nicht mehr an das Geld denken und sich auf das konzentrieren, worauf es ankommt.»

Die Voraussetzungen für die Selbststeuerung bezeichnet Kohn als die drei Cs der Qualität: *choice, collaboration, content* – Wahlmöglichkeit, Zusammenarbeit und Inhalt. Wahlmöglichkeit bedeutet, dass die Mitarbeiter an der Entscheidung über ihre Aufgaben teilhaben. Zusammenarbeit meint, dass sie in effektiven Teams zusammenarbeiten können. Inhalt zielt auf die Arbeitsinhalte, auf den Gehalt der Arbeit (im Unterschied zu dem Gehalt für die Arbeit): *«To do a good job, people need a good job to do.»* Diese auf Qualität ausgerichtete Empfehlung umzusetzen, fällt zweifellos schwerer als der Einsatz der gewohnten, zumeist quantitativen Belohnungssysteme.

Fassen wir das Bisherige zusammen. Die Diskussion um die Frage, was die Mitarbeiter antreibt, lässt sich folgendermaßen polarisieren: Motivationspsychologen fragen nach dem Warum der Leistungserbringung, Manager fragen nach dem Wie der Leistungserbringung.

Sprenger trifft die sprachliche Unterscheidung zwischen Motivation und Motivierung. Motivierung steht für Fremdsteuerung, Motivation für Eigensteuerung. Motivierung verhält sich in dieser Begrifflichkeit zu Motivation wie das «Wie» zum «Warum». Und wie verhält sich der **MitarbeiterAktienindeX** hierzu?

3.3.2 Anreizsysteme – Motivation – MAX

«Über Motivation zu diskutieren, heißt geradezu, Menschenbilder zu diskutieren», sagt Reinhard K. Sprenger. Richtig. Unseres Erachtens hilft aber die Polarisierung in extrinsische und intrinsische Motivation nur bedingt weiter. Sicher sind Mitarbeiter keine Reiz-Reaktions-Maschinen, die sich per Belohnungssystem dauerhaft manipulieren lassen.

Genauso wenig können wir aber davon ausgehen, dass jeder Mitarbeiter CEO seines Lebens ist oder dazu wird. Diese Einschätzung beruht auf drei Überlegungen:

- Erstens spielt die Fristigkeit (der Zeithorizont) der Überlegungen eine Rolle. Sprechen wir über kurz- oder langfristige Wirkungen?
- Zweitens spielt die Persönlichkeit eine Rolle. Haben wir es bei allen Mitarbeitern mit Menschen zu tun, die ihr Ego überwunden haben, die nicht die (auch finanzielle) Anerkennung von außen genießen, die nicht über einen Antrieb von außen glücklich sind?
- Drittens spielt die Art der Tätigkeit eine Rolle. Sprechen wir über Arbeiten, die tatsächlich Gestaltungsspielräume im Sinne der drei Cs von Alfie Kohn zulassen, oder über solche, die auf mechanisierte Abläufe abgestimmt sind oder auf der Stufe des Toiletteputzens stehen?

Gerade in der Klärung dieser Fragen zeigt sich, dass der **MitarbeiterAktienindeX** sehr bewusst im Spannungsfeld zwischen Motivierung und Motivation, zwischen Fremdsteuerung und Selbststeuerung eingesetzt werden kann. Wenden wir uns den drei Fragen näher zu.

Als Erstes geht es um die Frage des Zeithorizonts. Unbestritten ist, dass die extrinsische Motivation kurzfristig die erhofften

Wirkungen zeigt. Ebenso unbestritten ist, dass langfristig die Leistungsbereitschaft der Mitarbeiter nicht über Incentive-Systeme erzielt werden kann. Wir bezweifeln nicht die Forschungsergebnisse, die gezeigt haben, dass Belohnungssysteme tendenziell die intrinsische Motivation unterminieren.

Doch warum soll es nur das Entweder-oder geben? Warum nicht einen Mix? Warum nicht die Suche nach einem (veränderlichem) Gleichgewicht zwischen Motivierung und Motivation? Hier sehen wir die Funktion des **MitarbeiterAktienindeX**. Er ist einerseits als kurzfristig wirkende äußere Steuerungsinstanz einsetzbar. Er soll den Mitarbeitern ihren Wert signalisieren und zur Werterhaltung und Wertsteigerung animieren. Auf der anderen Seite fungiert er als Hilfsmittel im Prozess der Selbststeuerung.

Weil der Wille zur Werterhaltung und Wertsteigerung auf Dauer aus dem Mitarbeiter selbst kommen muss, hat die Unternehmensführung für eine entsprechende Unternehmenskultur zu sorgen. Sagen wir, die Unternehmenskultur sei im Sinne von Alfie Kohn gekennzeichnet durch Betonung der drei Qualitätsaspekte Wahlmöglichkeit, Zusammenarbeit und Gehalt. Dann trägt **MAX** zur offenen Diskussion um diese Punkte bei. So gibt es in der Philosophie und Praxis des «Schindlerhofs» keine Befehlsempfänger mehr, sondern nur noch Mitunternehmer. Und wir setzen darauf, dass diese Mitunternehmer auch im täglichen Geschäft ihren Erfolg zum Beispiel in Form eines Charts sehen wollen und dass sie verstehen, dass sie den langfristigen Verlauf ihres Indexwertes in erheblichem Maße selbst bestimmen. Es ist ihr eigener, individueller oder teambezogener Gradmesser für Leistungsbereitschaft und Leistungsfähigkeit. Voraussetzung dafür ist, um es noch einmal zu wiederholen, dass die Unternehmensführung die Leistungsmöglichkeit schafft.

Doch auch der CEO seines Lebens – und damit sind wir bei der zweiten Frage – braucht nach unserer Überzeugung und Erfahrung hin und wieder Impulse von außen. Das kann im Team geschehen oder durch den Teamleader. So alt wie die Menschheitsgeschichte sind die Erzählungen über die unterschiedlichsten Arten von Lehrern, Mentoren und Meistern, die es verstehen, motivierend auf ihre Schüler einzuwirken. Wohlverstanden als Anleitung zur Selbstständigkeit.

Fredmund Malik bemerkt zum Thema Selbstmotivation in «Führen, leisten, leben»: «Ich spreche auch hier, wie an vielen anderen Stellen, nicht von einer Fähigkeit, gar einer angeborenen – von etwas also, das es den Menschen leicht machen würde, sich selbst zu motivieren. Auch mit Kenntnis und Anwendung dieses Grundsatzes erfordert Selbstmotivation eine gewisse Überwindung und Anstrengung. Mit der Zeit mag es ihnen dann zu einer Art Gewohnheit werden.»

Da Gewohnheit immer mit (Ein-)Übung zu tun hat, ist es nahe liegend, den eigenen, inneren Antrieb mit Hilfe eines Trainers/Lehrers zu entwickeln und zur Gewohnheit zu machen. Mit Sprengers Begriffsdualität heißt das Motivierung zur Motivation. Der **MitarbeiterAktienindeX** dient dabei als Gradmesser der eigenen Entwicklung. Er kann sehr wohl die Selbstreflexion in Gang setzen: Warum hat meine Leistung nachgelassen? Kann ich mir selbst helfen oder benötige ich die Hilfe des Teams oder des Vorgesetzten?

Wir gehen davon aus, dass das Verfolgen von Wertetabellen und Aktienkursen selbst noch keine dauerhafte Veränderung in Gang setzt. Es bedarf dazu eines wirksamen Motivators, Anschiebers. Im Idealfall ist es der Mitarbeiter selbst, warum aber nicht ein Außenstehender, das gesamte Team oder kurzfristig ganz einfach die Perspektive, dass Wissensverlust auch Einkommensverlust bedeutet? In einer Wissensgesellschaft ist das schon fast eine Binsenweisheit. Führung in diesem Sinne heißt, jemandem die Brücke zu zeigen, ihn aber nicht hinüberzutragen.

Im «Schindlerhof» hat gerade der Teamindex in zweifacher Weise das Bewusstsein für die Selbststeuerung verstärkt. Erstens trainieren die Mitarbeiter ständig unternehmerisches Denken. Stellen Sie sich vor, Sie sind Fußballspieler in der ersten Bundesliga, und der Verein steigt ab. Dann muss Ihnen als Spieler klar sein, dass dieser Verein nicht mehr so viel Wert ist wie vorher in der ersten Liga. Der Club wird folglich nicht mehr die hohen Sponsorengelder bekommen, und dem Einzelnen muss noch etwas klar sein: Er kann als Mittelstürmer nach dem Abstieg nicht mehr mit dem gleichen Gehalt rechnen wie vorher in der ersten Bundesliga. Das heißt, die Mitarbeiter unseres Ensembles werden durch den **MitarbeiterAktienindeX** sehr gut in Richtung Leistungsbereitschaft und Leistungsfähigkeit sensibilisiert, und das auch auf eine spielerische Art und Weise. Der Kurs zeigt ihnen, dass der Wert eines Teams auch von seiner Performance, von seiner Leistung, von Umsätzen, von Fehlerquoten etc. abhängt.

Die zweite Wirkung: Unsere Teams haben eine Selbstreinigungskraft entwickelt. Stellen Sie sich als Extremfall vor, in einem kleinen Team von fünf Personen hätte sich eine Person eingeschlichen, die keine Weiterbildung betreibt, keine Verbesserungsvorschläge abgibt, ab und zu unpünktlich ist, mit keinem Zeitplansystem arbeitet und so weiter und so weiter. Folglich würde diese eine Person den Kurs des kleinen Teams jeden Monat ein Stück nach unten ziehen. Das würde ein Team niemals mit sich machen lassen. Sie können sicher sein, mit der Person wird eine Tasse Kaffee getrunken, die anderen Teammitglieder werden sich mit ihr auseinander setzen und sagen: «Sieh zu, dass du in die Gänge kommst, wir akzeptieren nicht, dass du als Einziger/als Einzige unser Team ständig nach unten drückst.»

Und dieser Druck, dieser Gruppendruck, der hiermit natürlich erzeugt wird, hat nichts mit Mobbing zu tun. Mobbing ist etwas Unanständiges, findet unter der Gürtellinie statt. Der Betroffene weiß nicht genau, warum die anderen ihn nicht leiden können. In unserem gedachten Fall geht es um klare Leistungsparameter, die vom Team gemeinsam verabschiedet worden sind. Und der betreffende Mitarbeiter hat aufgrund der Konstruktion des **MitarbeiterAktienindeX** die Möglichkeit, selbst zu entscheiden, an welchem Rädchen er drehen will, um seinen Kurs und damit auch den des Teams nach oben zu bringen.

Kommen wir nun zu unserer dritten Frage, die sich auf die Art der Tätigkeit bezieht: Sprechen wir über Arbeiten, die tatsächlich Gestaltungsspielräume im Sinne von Kohns drei C-Apekten der Arbeit *(choice, collaboration, content* – Wahlmöglichkeit, Zusammenarbeit und Inhalt) zulassen, oder über solche, die auf mechanisierte Abläufe abgestimmt sind oder auf der Stufe des Toiletteputzens stehen?

In jedem Unternehmen gibt es zahlreiche Tätigkeiten, die gemacht werden müssen, um die sich aber niemand reißt. Wie steht es hier mit Anreizsystemen und innerer Motivation? Ein Zen-Meister sagte einmal, man könne auch beim Toiletteputzen Erleuchtung finden. Aber welcher Unternehmer hat Zen-Schüler als Mitarbeiter?

Hier scheint uns die Diskussion um innere und äußere Motivation recht müßig. Hier geht es in erster Linie schlicht um Belohnung, um Anerkennung von außen. Der Spielraum für Spielräume ist hier eben sehr eng. Nicht jede Arbeit ermöglicht Flow-Erlebnisse.

Dies schließt nicht aus, die ungeliebten Tätigkeiten künstlich anzureichern, etwa durch Musikhören oder durch Pflege der persönlichen Beziehungen in einem Team. Der **MitarbeiterAktienindeX** schafft auch für diese Fälle Gestaltungsmöglichkeiten. Ohne Zweifel stößt er jedoch an seine Grenzen, wenn es um Bausteine wie Fortbildung oder Arbeit mit dem Zeitplanbuch geht. Dennoch kann der Wert zunehmen und als Motivator dienen, weil Komponenten wie Pünktlichkeit, Zuverlässigkeit und Fitness von jedem steuerbar sind. Ein steigender Kurs belohnt hier einmal die Übernahme der Tätigkeit an sich.

Zum anderen spiegelt er aber auch die Übernahme von Verantwortung für sich selbst und das Unternehmen wider, selbst wenn dies eher abstrakt erscheinen mag, da aufgrund der Arbeitsinhalte die persönliche Entwicklung und die Unternehmensentwicklung vielleicht einen geringen Stellenwert einnimmt.

Fassen wir unseren Standpunkt zusammen. Motivation und Motivierung, Selbststeuerung und Fremdsteuerung begreifen wir als extreme Pole einer fließenden Skala. Wer kann oder soll genau beurteilen, welche Maßnahmen zur Erhöhung der Produktivität extrinsischer oder intrinsischer Natur sind? Es gibt nicht für jeden Fall eindeutige Messkriterien.

Nicht einmal die Frage, wie Produktivität oder Erfolg gemessen werden kann, lässt sich eindeutig beantworten. Wir haben es nicht mit Kriterien wie warm und kalt zu tun, die mit Hilfe eines Thermometers quantifiziert werden können. Vor allem wäre es unsinnig, einzelne Maßnahmen isoliert bezüglich ihrer Wirkung zu betrachten.

Es ist ein Netz aus Hygienefaktoren, Motivatoren und innerer Motivation, das die unternehmerische Führungspraxis ausmacht. Sachaufgaben («Real Work») werden begleitet und überlagert von inner- und zwischenmenschlichen Prozessen. Eine solche netzartige Organisation bewegt sich immer im Spannungsfeld zwischen Selbststeuerung und Fremdsteuerung. Passend dazu bewegen sich die Mitarbeiter im Spannungsfeld zwischen Sachthemen und Gefühlsthemen, zwischen Ratio und Emotio.

Der **MitarbeiterAktienindeX** greift die hier wirkenden bedeutsamen «Zutaten» auf, komprimiert sie in einer Zahl (in einem Chart) und stößt dadurch Rückkopplungsprozesse an, die wiederum die Sachaufgaben und die Unternehmenskultur beeinflussen. Es geht also um die Zusammenstellung der «richtigen» Mixtur aus quantitativen und qualitativen Steuerungsgrößen, die in der täglichen Praxis gefunden und gelebt werden muss.

«Richtig» heißt dabei in letzter Konsequenz, dass sich der unternehmerische Erfolg in den gebräuchlichen Kennzahlen wie Umsatz, Gewinn und Kapitalrentabilität ausdrückt. Dass sich dieser Erfolg dauerhaft nur mit zufriedenen Mitarbeitern und Kunden einstellt, steht außer Frage. Dennoch: Wirkungsvolles Steuern von Unternehmens- und Veränderungsprozessen und wirkungsvolles Fördern von Menschen ist immer ein Balanceakt. Dem **MitarbeiterAktienindeX** kommt hierbei die Rolle der Balancestange zu.

3.3.3 MAX und «Motivaction»: Die Mitarbeiter bringen MAX in Schwung – und MAX die Mitarbeiter

Schauen wir uns den eben angesprochenen Drahtseilakt noch etwas genauer an. Den sollten Unternehmer am besten nicht alleine vollziehen. Die Verantwortung für die Balance aus Steuern und Fördern müssen und wollen die Mitarbeiter selbst übernehmen. Bestes Beispiel dafür sind die Ergebnisse einer Befragung, die das Marketing-Fachblatt «absatzwirtschaft» unter dem Titel «Was macht einen Arbeitgeber attraktiv?» veröffentlichte.

Hier die ersten drei Nennungen: freundschaftliches Arbeitsklima, schnelle Verantwortungsübernahme und flexible, abwechslungsreiche Aufgabengestaltung. Dementsprechend bietet der «Schindlerhof» Platz und Raum für leistungsorientierte, karrierebewusste und unternehmerisch denkende Menschen, die sehr viel Freiheit bekommen. Freude, Harmonie und Freiheit sind das Wertefundament für das tägliche Miteinander-Leben und -Arbeiten.

Die Unternehmensführung gründet auf dem festen Glauben,

dass jeder einzelne Mitarbeiter das Potenzial zum Erfolg in sich birgt. Sie schafft die Rahmenbedingungen, damit sich dieses Potenzial frei und ungehindert entfalten kann. Dazu gehört eine Vielzahl von Maßnahmen, die Wirkung, Bewegung und Aktion fördern, kurz: für «Motivaction» sorgen. Die Bestandteile der Motivation im «Schindlerhof» seien hier nur als Aufzählung genannt (Details sind der «Motivaction»-Reihe zu entnehmen): Anerkennungsziele vereinbaren, totale Transparenz, Abbau von Hierarchieverhalten, Abschaffung von Kontrollen unter Beibehaltung der Rechenschaftspflicht, starkes Unternehmensleitbild auf der Grundlage der persönlichen Sinn-Vision, klare Zielvereinbarungen (Budgets werden selbst erarbeitet), Konsequenz in der Umsetzung, Prämien bei Zielerreichung bzw. Kostenmanagement bei Abweichungen, KVP – permanente Optimalisierung, ständige Aus- und Weiterbildung, engmaschiger Einstellungsfilter, das Zauberwort «Danke» plus kleine Geschenke.

In dieser Vielfalt hebt sich die Polarität zwischen Motivierung und Motivation auf. Mitarbeiter, die wir und die sich selbst als Mitunternehmer verstehen, bringen sich selbst in Schwung, als Individuum und im Team. Ein sehr anschauliches und wirkungsvolles Abbild ihres Wirkens ist in letzter Konsequenz der **MitarbeiterAktienindeX**, der den Schwung der Mitarbeiter als Wertentwicklung widerspiegelt.

Und die Wirkung des regelmäßigen Blicks in den **MAX**-Spiegel bleibt nicht aus: Er bringt Schwung in die Gedanken und Taten, um das erreichte Leistungsniveau zu verbessern oder wenigstens zu halten. Was sich hier aufbaut, ist ein rekursiver Prozess: Die Mitarbeiter bringen **MAX** in Schwung – und **MAX** die Mitarbeiter.

3.4 Leistungsbewertung – Leistungsmessung – European Quality Award

Von Einstein stammt das Zitat: «Nicht alles, was zählt, kann gezählt werden, und nicht alles, was gezählt werden kann, zählt.» So verhält es sich mit der Leistung. Leistung hat immer quantitative und qualitative Aspekte. Wie messe ich den Wert meiner Kundenbeziehungen? Wie messe ich den Wert der Verbesserungsvorschläge, die Mitarbeiter einbringen? Wie messe ich die Freundlichkeit meiner Mitarbeiter?

Vieles, was wir unter Leistung verstehen, ist gar nicht mengenmäßig nachvollziehbar oder überhaupt transparent darstellbar. Daraus folgt, dass Zielvereinbarungen zur Leistungsbeurteilung Spielraum lassen müssen, damit sie auch zur Leistungsentstehung führen. Der Spielraum trägt den qualitativen, nicht berechenbaren Anteilen Rechnung, der Kreativität des Mitarbeiters, dem Lernprozess während der Leistungserbringung.

Abweichungen von quantitativen Zielen resultieren nicht automatisch aus Fehlern. Sie können auch wichtige Informationen beinhalten über eine falsche Beurteilung der Situation, über eine unzureichende Förderung des Mitarbeiters, über Schwächen in der Kooperation usw. Den **MitarbeiterAktienindeX** ausschließlich als Instrument zur Leistungsmessung anzusehen und einzusetzen, würde dementsprechend bedeuten, auf die Illusion einer objektiven und transparenten Leistungsmessung hereinzufallen.

«Die Messbarkeit von Leistung ist ein Mythos», sagt Sprenger. Sollen wir deshalb auf Leistungsmessung oder zumindest Versuche zur Leistungsmessung verzichten und ganz auf den offenen Prozess der Leistungsbewertung setzen? Wir bewegen uns hier in einem weiteren Spannungsfeld von Ratio und Emotio: Auf der einen Seite besteht der Wunsch oder die Vorstellung, Leistung objektiv und nachprüfbar – quasi im naturwissenschaftlichen Sinne – zu messen und vergleichbar zu machen.

Dem gegenüber stehen die Erfahrung oder auch das Gefühl, dass der Leistungsbegriff viel Spielraum für unterschiedliche Deutungen lässt.

Unbestreitbar ist, dass im Allgemeinen jede Art von Arbeit beide Elemente enthält und im Besonderen Führungsarbeit sicherlich weniger quantifizierbare Anteile als ausführende Arbeit. Dennoch steht auch die Führungsarbeit unter dem Zwang, sich durch Erfolgskennzahlen messen zu lassen. Letztlich entscheiden Umsatz, Gewinn und Rentabilität über die Bewertung durch andere, die sich im Falle von Aktiengesellschaften im Aktienkurs niederschlägt.

Und genau dieser von außen geforderte numerische Beweis der Leistungsfähigkeit bringt den **MitarbeiterAktienindeX** ins Spiel.

Er übernimmt nämlich eine wichtige Rolle in dem permanenten Prozess der Bewertung von vereinbarten bzw. erwarteten Zielen. Warum ist der Indexwert des Mitarbeiters oder des Teams gefallen bzw. nicht in erhofftem Maße gestiegen? Welche Zutaten sind dafür verantwortlich? Welche Gründe sprachen beispielsweise gegen eine intensivere Fortbildung? Lag es an der persönlichen Situation des Mitarbeiters, oder waren es betriebliche Erfordernisse? Warum konnte die vorgenommene Kosteneinsparung nicht erreicht werden? Was haben wir übersehen? Woran liegt es, dass die Verbesserungsvorschläge nicht im erhofften Umfang oder in der erwarteten Qualität abgegeben worden sind?

In diesen Fällen geht es also um eine Fundamentalanalyse des Aktienwertes, um die Frage, ob die Rahmenbedingungen der Leistungserbringung noch stimmen. Die technische Analyse der Kursentwicklung ist dabei zweitrangig. Der **MitarbeiterAktienindeX** misst die Entwicklung der Leistungskomponenten (Zutaten) und stößt gleichzeitig die Diskussion um die dahinter stehenden betrieblichen Abläufe an.

Den **MitarbeiterAktienindeX** einzusetzen, heißt nicht, die Erkenntnis, dass der Leistungsbegriff unscharf ist, über Bord zu werfen. Vielmehr zeigt sich sein Nutzen darin, sowohl die Frage nach dem Wie als auch die Frage nach dem Warum aufzuwerfen und zu beantworten. Er kann damit die Rolle eines Kompasses übernehmen. Der Kompass verliert zwar nie die Orientierung, allerdings findet er auch nie für sich allein das Ziel. Doch ruft er den Kapitän und die Mannschaft auf die Brücke, wenn das Schiff nicht den gewünschten Kurs hält.

Die Art, wie Maßnahmen zur Gegensteuerung ergriffen werden, hängt von der Unternehmenskultur ab, beispielsweise vom Umgang mit Motivation und Verantwortung – Themen, die in diesem Kapitel aufgeworfen werden.

Spricht man über Leistungsbewertung und Leistungsmessung, darf ein Blick auf das EFQM-Modell für Excellence nicht fehlen. Die European Foundation for Quality Management (EFQM) wurde 1988/89 durch die CEOs von 14 führenden europäischen Unternehmen gegründet. Das von ihr entwickelte EFQM-Modell für Excellence ist ein Total-Quality-Management-Modell (TQM-Modell), das alle Managementbereiche abdeckt und zum Ziel hat, den Anwender zu exzellentem Management und exzellenten Geschäftsergebnissen zu führen.

Es beruht auf folgender Prämisse: «Exzellente Ergebnisse im Hinblick auf Leistung, Kunden, Mitarbeiter und Gesellschaft werden durch eine Führung erzielt, die Politik und Strategie mit Hilfe der Mitarbeiter, Partnerschaften, Ressourcen und Prozesse umsetzt.»

Die Deutsche Gesellschaft für Qualität e. V. (DGQ), die als so genannte Nationale Partner-Organisation (NPO) die Interessen der EFQM auf nationaler Ebene vertritt, führt aus: «Das EFQM-

Modell stellt keine Liste von Forderungen dar, sondern betrachtet die Organisation ganzheitlich. Wichtig ist die kontinuierliche Weiterentwicklung hin zu Excellence, dem wachsenden Reifegrad der Organisation. Für die Bewertung des Reifegrades anhand des EFQM-Modells hat die EFQM die RADAR-Bewertungsmethodik entwickelt. Dies bedeutet, dass der Reifegrad der Organisation gemessen wird an Ergebnissen (Results), den dazu führenden Vorgehensweisen (Approach), dem Grad der Umsetzung (Deployment) sowie an Bewertung und Überprüfung (Assessment and Review). Dabei können die Einzelbewertungen der 32 Teilkriterien zu einer Gesamtbewertung zusammengefasst werden, die zwischen 0 und 1000 Punkten liegt. Eine Bewertung erfolgt zunächst meist als Selbstbewertung (Self-Assessment). Sie liefert einerseits zielführende Aussagen über den Reifegrad, andererseits über Stärken und Verbesserungspotenziale der Organisation. Daraus leiten sich dann wichtige Verbesserungsprojekte ab. Bei einem hohen Reifegrad können externe Bewertungen wichtige Impulse geben für die Weiterentwicklung der Organisation. Sie ermöglichen objektivierte Vergleiche mit anderen Organisationen, die nach der gleichen Methode bewertet wurden. Die besten direkten Vergleiche liefern dabei die auf dieser Methode basierenden Qualitätspreise, wie der European Quality Award und sein deutsches Pendant, der Ludwig-Erhard-Preis.»

Der «Schindlerhof» gewann den European Quality Award 1998, den Spezialpreis für Kundenorientierung beim European Quality Award 2003, den Spezialpreis für «Outstanding People Development and Involvement» beim European Quality Award 2004 und den Ludwig-Erhard-Preis 1998 und 2003.

Die European Foundation for Quality Management hat also eine Bewertungsmethodik entwickelt, um den Reifegrad eines Unternehmens zu messen und objektivierte Vergleiche mit anderen Unternehmen zu ermöglichen. Selbst wenn die Messbarkeit von Leistung ein Mythos ist, wie Sprenger sagt, und die Messung von Ergebnissen, wie sie im EFQM-Modell durchgeführt wird, quantitative und qualitative Kriterien umfasst, zeigt die Unternehmenspraxis und gerade die Zielsetzung der EFQM, dass Erfolgs- und Leistungsmaßstäbe für das eigene Unternehmen und zu Vergleichszwecken gewünscht werden. Ohne die zugehörigen Messungen kann es nämlich keine dauerhafte kontinuierliche Verbesserung geben und die Außenwirkung solcher Bewertungsprozesse etwa auf Kunden und kreditgebende Banken kann nicht hoch genug eingeschätzt werden. Generell weist eine Selbstbewertung eine Vielzahl von Nutzenaspekten auf, von denen hier zwei herausgestellt werden sollen.

Einmal ermöglicht sie dem Unternehmen, seine Stärken und Verbesserungsbereiche klar zu erkennen und führt letztendlich zur Planung von Verbesserungsmaßnahmen, deren Fortschritt regelmäßig überwacht wird. Hierbei ist in vielen Bereichen und in vielerlei Hinsicht eine Leistungsmessung aufgrund von Fakten statt aufgrund subjektiver Wahrnehmung möglich.

Der zweite Nutzenaspekt liegt darin, dass die Selbstbewertung ein Mittel ist, die Motivation der Mitarbeiter zu stärken und sie aktiv in den Verbesserungsprozess einzubinden. Ganz in diesem doppelten Sinne, namentlich Verbesserungsmöglichkeiten zu erkennen und die Mitarbeiter zur Selbststeuerung zu befähigen, bietet der **MitarbeiterAktienindeX** die Möglichkeit, den Prozess der Selbstbewertung in einem klar abgesteckten Rahmen monatlich abzubilden, seine Ergebnisse publik zu machen und die Reflexion über die Steuerung der Verbesserungsprozesse in Gang zu halten.

Hier stimmen wir vollkommen mit Sprenger überein: «Wer als Führungskraft glaubt, einfach Ziele vorsetzen und sie nicht mit seinem Mitarbeiter als Partner verhandeln zu müssen, muss die Konsequenzen tragen.» Und wir gehen noch einen Schritt weiter: Die Verantwortung für Leistung, Kontrolle und Selbstbewertung ist so weit wie möglich auf die als Mitunternehmer zu betrachtenden Mitarbeiter zu übertragen. Das führt uns unmittelbar zur Rolle des **MitarbeiterAktienindeX** im Spannungsfeld zwischen Selbstverantwortung und Fremdverantwortung.

3.5 Selbstverantwortung – Fremdverantwortung – Teams

Manager sehen sich gerne als rationale Menschen, die alles unter Kontrolle haben. Managen bedeutet in ihren Augen, Entscheidungen zu treffen und hierfür Ressourcen (auch Mitarbeiter) einzusetzen. Das Ganze erfolgt innerhalb einer bestimmten, bewährten Rationalität und Logik, häufig in Form von Kalkulationen. Doch dies ist nur eine von mehreren Herangehensweisen, mit denen Manager die Welt um sich herum wahrnehmen und interpretieren. Gosling und Mintzberg nennen sie in ihrem Beitrag «Die fünf Welten eines Managers» den analytischen Mind-Set.

Die analytische Methode zerlegt komplexe Phänomene in ihre Einzelteile. Sie hat ohne Zweifel eine große Bedeutung in der Organisation von Unternehmen, für die Festlegung von Arbeitsteilung oder für Branchenanalysen. Gosling und Mintzberg nennen vier weitere Mind-Sets – interpretierbar als Metaphern für verschiedene Gedankenwelten – zur adäquaten Bewältigung der vielfältigen Managementaufgaben: reflektierender, weltgewandter, handlungsorientierter und kooperativer Mind-Set. Letzterer interessiert uns hier.

Er bedeutet eine Abkehr vom immer noch beliebten heroischen Managementstil, der auf dem eigenen Ich basiert. Sprenger nennt dies den «Abschied vom Leithammel». Dieser Abschied fällt vielen schwer, weil wir durch den Einfluss der Wirtschaftstheorie die Mitarbeiter als menschliche Ressource oder Humankapital sehen und über sie wie über Sachkapital verfügen (wollen): kaufen, zusammenstellen, umsetzen, abbauen. Beim kooperativen Mind-Set geht es um das Management von Beziehungen, um die Förderung der Kooperation und die Reduktion von Kontrolle. Management bedeutet dann, die positive Energie zu wecken, die naturgemäß in jedem Mitarbeiter steckt. «Es mag bisweilen notwendig sein, ein Team zu lenken, aber wir denken, dass dies viel seltener der Fall ist, als die meisten glauben.» (Gosling und Mintzberg)

Im «Schindlerhof» verstehen und behandeln wir unsere Mitarbeiterinnen und Mitarbeiter als Mitunternehmerinnen und Mitunternehmer. Einer der Führungsgrundsätze im «Schindlerhof» lautet: «Wir fördern mit Selbstdisziplin eine Verantwortungsbalance.» Dieser Grundsatz spricht drei Ebenen an: Verantwortung von Führung zu Führung, Verantwortung von Führung zum Mitarbeiter und Verantwortung von Mitarbeiter zu Mitarbeiter. So werden die Unternehmensziele gemeinsam erarbeitet und gemeinsam verfolgt.

Das schließt die Ableitung aller mittel- und kurzfristigen Ziele zusammen mit allen Mitarbeitern, vor allem mit unserer Führungscrew, nach folgendem Raster ein: quantitative Ziele wie Umsätze, GOP, Gewinn, Investitionen/Gewinnverwendung und Standards/Messungen nach dem EFQM-Modell sowie qualitative Ziele, die sich auf die Kunden, Mitarbeiter, Lieferanten/Partner, die Umwelt/Natur und das Unternehmen selbst beziehen. Die Zielableitung repräsentiert den ersten Schritt in unserem Führungskreislauf, der folgendermaßen aussieht: für klare Ziele sorgen – organisieren – entscheiden – Mitarbeiter fördern – Controlling.

Der **MitarbeiterAktienindeX** fördert die Selbstverantwortung jedes einzelnen Mitarbeiters genauso wie die jedes einzelnen Teams. Im «Schindlerhof» setzen wir dabei auf unsere bewährte Spielkultur. Der Aktienindex wurde passend dazu als Selbststeuerungsinstrument konzipiert, welches funktioniert, ohne dass ein anderer Mitarbeiter, eine Führungskraft oder gar der Chef ständig nach dem Motto kontrolliert: «Lieber Mitarbeiter, arbeite da mal an dir, schau mal, dass du da was änderst.»

Das Instrument muss quasi ein Selbstläufer sein, es muss von allein funktionieren, es sollte lustvoll und spielerisch sein. Denn wir wissen, dass in der heutigen Zeit eines der wichtigsten Prinzipien in der Führungsarbeit so lautet, dass wir auf keine verbissene Reise gehen sollten und alles humorvoll, locker und freundschaftlich bleiben muss. Dadurch erreichen wir ein Klima für Spitzenleistungen.

Fatal ist es, wenn es am Arbeitsplatz verbissen zugeht, wenn die Menschen sich verkrampfen und eben aus der Lust wieder Last wird. Nur ein kleiner Buchstabe Unterschied, der aber viel ausmacht.

Um es noch einmal zu betonen: Der wichtigste Führungsgrundsatz lautet Vertrauen. Vertrauen ersetzt Kontrolle, und wir sind überzeugt, dass ein Mitarbeiter Gott und die Welt belügen kann, aber nicht sich selbst, jedenfalls nicht auf Dauer. Das heißt, der Mitarbeiter gibt seine Werte selbst in den Computer ein, und wir glauben grundsätzlich das, was er/sie ausfüllt.

Soweit das reine «Einzelkindverhalten»: Jeder schaut auf sich selber, jeder versucht, sein Bestes zu geben, jeder schaut einmal im Monat in den Spiegel.

Jetzt gibt es aber noch den wichtigen Führungsgrundsatz: «Jeder leistet einen Beitrag zum Ganzen.» Und damit kommen wir zum zweiten Index, dem Team-Index, kurz TIX. Wir haben ihn ja auf den Seiten 21 und 76 schon unter verschiedenen Gesichtspunkten beleuchtet. Schauen wir uns die Bedeutung der Teams noch ein wenig genauer an.

Wir setzen nicht auf Hierarchien und Fremdverantwortung. Wir setzen auf das Team als selbstverantwortliches Netzwerk, aus dem heraus Strategien und Handlungen entwickelt werden, weil engagierte Mitarbeiter aus eigenem Antrieb Lösungen in ihrem Tätigkeitsfeld suchen. Und wir verstehen das gesamten Unternehmen als interaktives Netzwerk und nicht als vertikale Hierarchie. Unsere Führungskräfte wirken im gesamten Netzwerk und nicht nur an der Spitze. Sie wissen, dass die wichtigsten Veränderungen und Innovationen von innen kommen, von motivierten Mitarbeitern selbst hervorgebracht werden. Sie teilen die Verantwortung für ihr Team und für die Entwicklung des TIX mit den Teammitgliedern. Führungskräfte müssen nach unserem Verständnis die Balance finden zwischen einem hohen Maß an Selbstverantwortung der Team-Player und der erforderlichen Fremdverantwortung in Form von Teamlenkung.

Dieser Balanceakt im Spannungsfeld zwischen Eigen- und Fremdverantwortung innerhalb einer Vertrauenskultur lässt sich mit Peter F. Drucker verkürzt auf folgenden Nenner bringen: «*Effective executives do first things first and second things not at all.*»

Auf dieser Philosophie wurde der **MitarbeiterAktienindeX** aufgebaut: Verantwortung übernehmen lassen für die Entwicklung des individuellen Indexwertes und für die teamspezifischen Komponenten, die den Verlauf des TIX beeinflussen. Diese erfordert eine gelegentliche Steuerung von außen (Fremdverantwortung). Führungskräfte können sich nicht ausschließlich innerhalb des Netzwerkes bewegen.

3.6 Individualität und Konformität – Konkurrenz und Kooperation

Die traditionelle Weisheit lehrt uns, dass Arbeit im Wesentlichen drei Funktionen erfüllt:

* Erstens gibt sie jedem einzelnen Teammitglied die Gelegenheit, seine Möglichkeiten voll zu nutzen und zu entwickeln.

- Zweitens ermöglicht sie es dem Menschen, seinen angeborenen Egoismus zu überwinden, indem er oder sie mit anderen zusammen eine gemeinsame Aufgabe angeht.
- Drittens erzeugt die Arbeit die Produkte und Dienstleistungen, die wir alle zu einem angemessenen Leben benötigen.

Aus dieser Erkenntnis leitet sich ein Grundsatz der Unternehmensführung im «Schindlerhof» ab: «So viel Individualität wie möglich zur Selbstentfaltung und so viel Konformität wie nötig zur Zielerreichung.»

Das Gewähren eines großen Entscheidungsspielraums fördert die Kreativität und Produktivität der Mitarbeiter, ihr Verantwortungsbewusstsein und ihre persönliche Entwicklung. Der Erfolg des Unternehmens resultiert aus den Erfolgen der Mitunternehmerinnen und Mitunternehmer. Dass sie hierfür ihre Individualität einsetzen, ist geradezu notwendig.

Den Rahmen ihres persönlichen unternehmerischen Denkens und Handelns setzt im «Schindlerhof» das gemeinsam festgelegte Unternehmenscredo, über das an anderer Stelle bereits gesprochen wurde (Seite 27). Die Individualität im unternehmerischen Tun und die Konformität im Hinblick auf die Unternehmensziele werden belebt durch vielfältige und kreative Möglichkeiten des Wettbewerbs und der Zusammenarbeit. In dieses Spannungsfeld fügt sich der **MitarbeiterAktienindeX** nahtlos ein.

Das Zulassen von Selbstverantwortung setzt kreative Kräfte frei, weil die Entscheidungskompetenz dort liegt, wo sich die Sachkompetenz befindet: beim einzelnen Mitarbeiter. Im Streben nach seinem persönlichen Erfolg am Arbeitsplatz kann und soll er den eigenen Wertindex PIX als Messlatte benutzen. Beruflicher Erfolg wird mit einem steigenden Indexwert einhergehen.

Dies beeinflusst in gleicher Weise den Teamindex. Schließlich ist der individuelle Erfolg an die Teamarbeit gebunden. Erfolg gibt es nur im Plural. Das Spannungsfeld zwischen individuellem und gemeinschaftlichem Streben nach Höchstleistungen, die sich in Pixelpunkten für den PIX und den TIX ausdrücken, ist dasselbe wie beispielsweise beim olympischen Vielseitigkeitswettbewerb im Reitsport. Jeder einzelne Reiter ist bestrebt, besser zu sein als die anderen Mannschaftsmitglieder, um die Einzelwertung zu gewinnen. Gleichzeitig sind aber ein guter Teamgeist, gegenseitige Unterstützung und Gemeinschaftssinn erforderlich, um den Mannschaftswettbewerb zu gewinnen. Das Team steht und fällt mit der Bestleistung jedes einzelnen Teammitglieds. Ein geradezu tragisches Beispiel hierfür ereignete sich bei der Sommerolympiade 2004, als der deutschen Military-Mannschaft wegen eines individuellen Fehlers die Goldmedaille aberkannt wurde.

Die Erfolgsformel lautet also: Konkurrenz innerhalb des Teams bei gemeinschaftlich festgelegter Zielrichtung. Und das trifft auch den eigentlichen Wortsinn von Konkurrenz: zusammenlaufen, zusammentreffen, lateinisch *concurrere*. Die individuellen Tätigkeiten treffen sich, laufen zusammen in einem gemeinsamen Ziel.

Die heute übliche Bedeutung als «in Wettbewerb treten» kommt übrigens erst im 18. Jahrhundert auf und wird mittlerweile fast ausschließlich als Gegeneinander verstanden. Es ist die Philosophie des Null-Summen-Spiels: Ich kann nur gewinnen, wenn du verlierst. Dass diese Auffassung nicht nur falsch, sondern auch gefährlich ist, zeigt schon die gemeinsame lateinische Herkunft mit dem Wort Konkurs: *concurrere* bedeutet hier das Zusammenlaufen der Gläubiger.

Die in unserem Kontext gemeinte, tiefer gehende Bedeutung von Konkurrenz schließt die Notwendigkeit von Kooperation mit ein: zusammenarbeiten, um ein gemeinsames Ziel zu erreichen. Das Verhältnis von Konkurrenz und Kooperation hat viele Facetten und soll hier nicht weiter vertieft werden. In Bezug auf den

MitarbeiterAktienindeX sei ein Gedanke von Alfie Kohn aufgegriffen, der sich in seinem Buch «No Contest – The Case Against Competition» mit der Thematik ausführlich auseinander setzt. Er stellt fest: «The most common mix consists of intragroup cooperation and intergroup competition. (…) employees pull together in order that their company can earn higher profits than another company. (…) Notice how often cooperation in our society is in the service of competition (…)»

In Gestalt des PIX und des TIX drückt das Ergebnis des Wetteiferns innerhalb und zwischen den Teams aus. Dieses Wetteifern muss allerdings einhergehen mit kooperativem Verhalten, weil sonst der Erfolg des gesamten Unternehmens gefährdet ist, und dieser findet schließlich seinen Ausdruck im CIX. Und noch eines ist in diesem Zusammenhang klarzustellen: Der **MitarbeiterAktienindeX** eignet sich nicht dazu, das Selbstwertgefühl eines Mitarbeiters zu stärken, indem er versucht, über falsch verstandenes Konkurrenz- oder egoistisches Verhalten nur den eigenen Aktienwert in die Höhe zu treiben. Die Teamplayer müssen Leistungsbereitschaft, innere Motivation sowie Kooperationsbereitschaft und damit ein starkes Selbstbewusstsein bzw. eine ausgeprägte Individualität bereits mitbringen, um den gemeinsamen Erfolg zu erreichen.

Die Betonung der Individualität meint nicht die Befürwortung eines Selbstverwirklichungstrips, so wie er in manchen Personality-Shows der Egomanen vorgeführt wird. Vielmehr geht es um die Bildung kreativer Teams, um die Entstehung kreativer Vielfalt.

«Kreativität gibt es nur im Plural», so der Untertitel von Olaf-Axel Burows Buch «Die Individualisierungsfalle». Burow betrachtet das Team als «kreatives Feld». Er vertritt die These, «dass fast jeder von uns zu überragenden kreativen Leistungen fähig ist, wenn er ein geeignetes kreatives Feld findet oder es aufbaut». Dieses Feld ist zu verstehen als «Zusammenschluss von Persönlichkeiten mit stark unterschiedlich ausgeprägten Fähigkeiten, die eine gemeinsam geteilte Vision verbindet: Zwei (oder mehr) unverwechselbare Egos, die sich trotz ihrer Verschiedenheit ihres gemeinsamen Grundes bewusst sind, versuchen in einem wechselseitigen Lernprozess ihr kreatives Potenzial gegenseitig hervorzulocken, zu erweitern und zu entfalten.»

Der Schlüssel zur Entfaltung individueller kreativer Potenziale liegt also im Finden geeigneter Synergiepartner, die ein «Arbeitsfeld» aufbauen. Gemeinsam steigt die Leistung von Team und Ego und die Qualität des hervorgebrachten Produkts. Das Team wächst über sich hinaus. Die Fähigkeiten der Gruppe sind mehr als die Summe der individuellen Fähigkeiten.

Diese Besonderheit wird im **MitarbeiterAktienindeX** dadurch berücksichtigt, dass der TIX nicht als Summe oder Mittelwert der einzelnen PIX-Werte gebildet wird, sondern unter Einschluss teamspezifischer Erfolgsfaktoren. Insofern ist **MAX** kein Ausdruck so genannter Ich-AGs. Wenn dieses Unwort schon gebraucht werden soll, dann steht der **MitarbeiterAktienindeX** eher für eine Wir-AG. Schließlich bedeutet das Wort Gesellschaft in der Abkürzung AG, dass es um gemeinsame Anstrengungen und um eine gemeinsame *shared vision* geht.

3.7   Unterschiede und Ähnlichkeiten

Im Zentrum des bislang Gesagten stand der Mitarbeiter mit seinen Einstellungen, Fähigkeiten und seinem Know-how sowie der Abbildung seiner Leistungen und seines Beitrages zum Team- und Unternehmenserfolg im **MitarbeiterAktienindeX**.

Die Frage, die wir abschließend aufgreifen wollen, lautet: Woher stammen die Einstellungen, Fähigkeiten und das spezifische

Know-how? Es ist die Frage nach den individuellen Präferenzen, dem vorhandenen Potenzial und der erworbenen Kompetenz. Ohne Zweifel spielt das Gehirn bei der Klärung der Frage eine große Rolle. Und damit können wir den Bogen zurück schlagen zum Beginn dieses Kapitels, wo kurz auf die Gehirnforschung verwiesen wurde (Seite 91).

Die Gehirnforschung hat in den letzten drei Jahrzehnten sehr viel zum Verständnis von Unterschieden und Ähnlichkeiten im Denken und Verhalten von Menschen beigetragen. Für die Unternehmenspraxis lässt sich daraus die Erkenntnis gewinnen, dass die viel zitierte Notwendigkeit des lebenslangen Lernens präzisiert werden muss: Es besteht die Notwendigkeit, lebenslang gehirngerecht zu lernen und zu arbeiten. Das heißt, es geht darum, die bei einem Menschen dominierenden Gehirnstrukturen und die daraus resultierenden Denk- und Verhaltenspräferenzen zu erkennen.

Die Art, wie wir unser Gehirn einsetzen, ähnelt in gewisser Weise dem Gebrauch eines Radios. Wir können den Sendersuchlauf benutzen, um jeden beliebigen Sender einzustellen. Andererseits haben wir aber ganz bestimmte Sender, die wir vorprogrammieren und am liebsten hören.

Mentale Präferenzen führen dazu, dass uns eine Arbeit motiviert. Das Gegenteil davon ist die Vermeidung, die Ablehnung bestimmter Denk- und Verhaltensstile. Vermeidungen führen dazu, dass uns eine Arbeit demotiviert. Stimmen die Arbeitsanforderungen zumindest weitestgehend mit unseren Vorlieben überein, fällt es uns leicht, das vorhandene Potenzial in fachliche und persönliche Kompetenz zu verwandeln.

Konfuzius hat das so ausgedrückt: «Wenn du liebst, was du tust, wirst du nie mehr in deinem Leben arbeiten.» So ist auch zu erklären, warum jeder auf manchen Gebieten Hervorragendes leistet und für andere Aufgaben kaum zu gebrauchen ist. Oder warum man in manchen Gruppen produktiv ist und es Spaß macht, mit den anderen Menschen zu arbeiten, andere Gruppen dagegen unproduktiv und langweilig sind.

Diese Überlegungen gehen zurück auf Ned Herrmann (1922–1999), der sich in den Siebzigerjahren, gefördert durch General Electric, der Gehirnforschung und ihrer Bedeutung für die Unternehmenspraxis widmete. Seine wichtigste These lautet: Jede/r von uns ist einmalig in der Art und Weise, wie er/sie kommuniziert, an Aufgaben herangeht oder im Team mit anderen Menschen zusammenarbeitet.

Die Forschungsergebnisse von Ned Herrmann finden ihre praktische Anwendung im inzwischen weltweit eingesetzten Herrmann-Dominanz-Instrument (HDI). Das HDI ist eine Auswertungsmethode, mit der die einzelnen Denk- und Verhaltensstile in einem leicht verständlichen Vier-Quadranten-Modell dargestellt werden.

Das Modell ist eine Metapher, ein bildlicher Ausdruck, für den Aufbau des Gehirns. Die vier Quadranten, die im Folgenden kurz erläutert werden sollen, resultieren aus der Kombination von zwei bahnbrechenden Arbeiten aus der Gehirnforschung. Einmal hatte Roger Sperry in den Siebzigerjahren in seinen Experimenten gezeigt, dass das Gehirn aus zwei (miteinander verbundenen) Hemisphären mit spezialisierten Funktionen besteht.

Der linken Hemisphäre, die die rechte Körperhälfte steuert, lassen sich folgende Eigenschaften zuweisen: logisch, analytisch, mathematisch, detailliert, sequenziell, kontrolliert, verbal. Sie ist zuständig für lesen, schreiben, benennen und Sprache.

Die rechte Gehirnhälfte, die die linke Körperhälfte steuert, lässt sich durch folgende Begriffe charakterisieren: kreativ, ganzheitlich, musikalisch, simultan, intuitiv, bildhaft, gestalterisch.

Diese Zweiteilung in linkes Gehirn und rechtes Gehirn passt zu der Vorliebe für Dichotomien, denen wir im Verlaufe des Buches immer wieder begegnet sind: Ratio und Emotio, «Real Work» und «emotionale Intelligenz», Motivation und Motivierung, Selbstverantwortung und Fremdverantwortung usw.

Einfache Dichotomien beschreiben die Unterschiede meist jedoch nur unzureichend. So griff Ned Herrmann zusätzlich auf die Forschungsergebnisse von Paul MacLean, ebenfalls aus den Siebzigerjahren, zurück. MacLean führte die spezialisierten Funktionen des Gehirns auf die menschliche Evolution zurück und entwickelte das Modell des dreieinigen Gehirns *(triune brain)*. In einer Art Schichtensicht des Gehirns erkennt man die Entstehung des menschlichen Gehirns nacheinander aus dem Stammhirn (Reptiliengehirn), dann dem limbischen Gehirn, welches schließlich vom Neokortex (Großhirnrinde) überlagert wird. Dieses Modell betont die Bedeutung des limbischen Gehirns als denkenden Systems. Die Spezialisierung der drei Regionen lässt sich vereinfacht folgendermaßen beschreiben: Das Reptiliengehirn steuert Atmung, Herzfrequenz und Instinkthandlungen. Das limbische System steuert Gefühle und Stimmungen und kontrolliert Hormone, Hunger und Durst. Der Neokortex ist zuständig für Denken, Sprache, Schöpferisches, Entscheidungen, Bilder.

Herrmann kombinierte Elemente der zwei getrennten Theorien in einem vierteiligen Modell, welches das gesamte denkende Gehirn repräsentiert. Vier Quadranten bilden dabei metaphorisch vier Denkweisen ab: die zwei Hälften (Sperry) des Neokortexes und die zwei Hälften des limbischen Systems (MacLean). Im Zusammenspiel der vier denkenden Teile des Gehirns wird ein riesiges Netzwerk von Denkmöglichkeiten geschaffen.

Die Spezialisierungen und die Verknüpfungsmöglichkeiten verdeutlicht Herrmann mit folgender Metapher: «Stellen Sie sich diese denkenden Teile des Gehirns als vier Schachbretter vor, wobei sich die Läufer auf einem Brett, die Springer auf dem zweiten, die Türme auf dem dritten und König und Dame auf dem vierten

Brett befinden. Die Bauern sind gleichmäßig auf den einzelnen Brettern verteilt. Die Kortizes der zwei zerebralen Hemisphären repräsentieren zwei der Schachbretter, und die Kortizes der zwei Hälften des limbischen Systems repräsentieren die anderen zwei. Da jeder der vier Kortizes auf andere Weise spezialisiert ist, sind die Schachfiguren entsprechend den vier spezialisierten Bereichen des Ganzhirn-Modells verteilt. Um Schach spielen zu können, benötigen Sie alle Figuren auf allen Schachbrettern. Das arbeitende Gehirn bietet Hunderte Millionen mögliche Verbindungen, um spezialisierte Aufgaben auszuführen.»

Die beiden paarweisen Denkstrukturen können mit folgenden Attributen belegt und als Vier-Quadranten-Modell veranschaulicht werden:

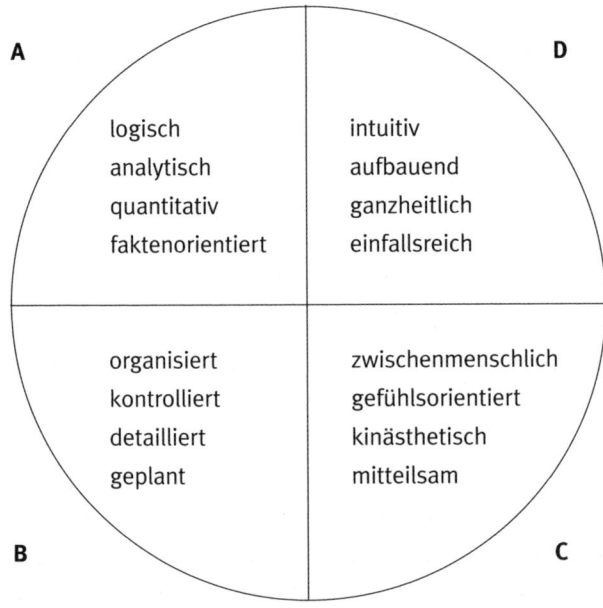

Das Ganzhirn-Modell nach Ned Herrmann

Setzt eine Person das typische Denk- und Verhaltensmuster eines Quadranten ein, kann man sie als «Analyzer», «Organizer», «Personalizer» oder «Visualizer» (Analytiker, Organisator, Kommunikator bzw. Visionär) beschreiben. Je nach Quadrant werden Fakten, Form, Fühlen oder Fantasie bevorzugt. Zur Kurzcharakterisierung lassen sich zusätzlich unterschiedliche Ichs benennen: das rationale Ich (A), das sicherheitsbedürftige Ich (B), das fühlende Ich (C) und das experimentelle Ich (D). Dies ist in vereinfachter Form Herrmanns Ganzhirn-Modell, das der Messung der Denk- und Verhaltenspräferenzen eines Menschen zugrunde liegt.

Auf dem Weg, eine solche Messung für eine Person durchzuführen und Unterschiede zu anderen Personen angeben zu können, führte Herrmann das Konzept der Hirndominanz ein. Es basiert auf dem Wissen, dass alle paarweisen Strukturen des menschlichen Körpers asymmetrisch sind. So gibt es Unterschiede zwischen der rechten und der linken Hand. Die dominante Hand entwickelt sich stärker, weil sie häufiger verwendet wird. Die paarweisen Unterschiede entwickeln wir beispielsweise auch für die Füße, Augen und Ohren.

In einer erst kürzlich erschienenen Studie berichten amerikanische Forscher, dass die Rechts-links-Unterschiede bei der Verarbeitung von akustischen Signalen nicht erst im Gehirn (links: Sprache, rechts: Musik), sondern bereits im Ohr beginnen. Damit erweist sich die bisherige Annahme, dass unser linkes und unser rechtes Ohr exakt gleich arbeiten, als falsch.

Die neuen Erkenntnisse dieser und anderer Studien verändern beispielsweise das Verständnis von Sprachentwicklung und von Lernschwierigkeiten bei einseitig gehörgeschädigten Kindern. Die rechtsseitige Gehörlosigkeit bereitet wegen der Überkreuzverknüpfung und des vorherrschend analytischen Lernstoffs größere Lernschwierigkeiten als Beeinträchtigungen des linken Ohrs.

In den grundsätzlichen Denkstrukturen des Gehirns findet man dieselben dualistischen Prinzipien wie in den anderen paarweisen Körperstrukturen. Da sich die persönliche Dominanz einer Struktur gegenüber der anderen aufgrund der Lebenserfahrung entwickelt, wird die Stärke der Dominanz aus den bevorzugten Denkweisen der Person ersichtlich. Das Herrmann-Dominanz-Instrument (HDI) ermittelt nun mit Hilfe eines Fragebogens die relative Präferenz einer Person für eine bestimmte Denkweise und stellt sie grafisch und tabellarisch dar. Als Ergebnis bekommt man das so genannte HDI-Profil. Dieses Profil zeigt den Grad der Dominanz in einem oder mehreren der vier Quadranten des Ganzhirn-Modells. Es ist eine wertneutrale Aussage. Das einzelne Profil ist weder gut noch schlecht.

Die spezielle Form der Darstellung ermöglicht darüber hinaus den Vergleich mit Profilen anderer Menschen.

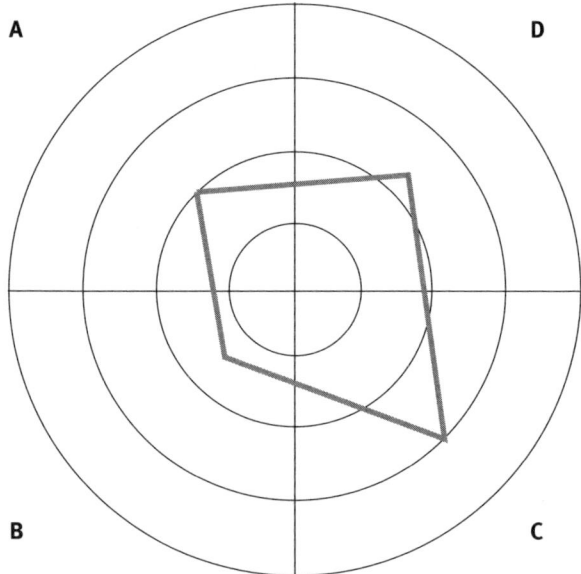

Beispiel für ein HDI-Profil

Das Beispielprofil zeigt eine Präferenz für rechtshirniges Denken, wobei die Vorliebe für die zwischenmenschliche/emotionale Orientierung noch stärker ausgeprägt ist als das intuitive/ganzheitliche Denken und Tun. Die Person kann allerdings auch auf das Potenzial linkshirniger Eigenschaften zurückgreifen, bevorzugt dabei aber analytische/faktenorientierte und weniger organisatorische/planerische Tätigkeiten. Die Profilwerte für die Quadranten A, C und D fallen in den so genannten Präferenzbereich (über zwei Ringe). Die Nutzung des jeweiligen Potenzials, hier insbesondere C und D, ist im Umgang mit der Person für andere deutlich sichtbar. Der Wert für den Quadranten B liegt im so genannten Nutzungsbereich (zweiter Ring). Der Rückgriff auf das damit bezeichnete Potenzial geschieht eher selbstverständlich, natürlich, und in keiner besonders auffallenden Weise. Weitere Ausführungen würden hier den Rahmen sprengen. Der Leser sei auf das Buch von Ned Herrmann verwiesen (siehe Literaturverzeichnis auf Seite 176).

Die Bedeutung der bevorzugten Denk- und Verhaltensstile für die Führung von Mitarbeitern liegt auf der Hand: Wer das HDI-Profil seiner Mitarbeiter kennt, kann sie gemäß ihrer ganz speziellen Präferenzen einschätzen und damit effizient im Unternehmen einsetzen.

Mit Blick auf das Thema Motivation lässt sich leicht erkennen: Einmal können extrinsische Anreizsysteme nur greifen, wenn sie zum Profil des Mitarbeiters passen. Zudem sorgt ein den Präferenzen entsprechendes Tätigkeitsfeld für ein hohes Maß an intrinsischer Motivation. Ist diese hoch, fällt es leicht, die notwendige Kompetenz zu erlangen. Herrmann sagt dazu: «Wenn man Mitarbeiter so einsetzt, dass sie bei ihrer Arbeit ‹klug› sein können, erhält man nicht nur bessere Geschäftsergebnisse, sondern auch zufriedenere Mitarbeiter.»

Das ist im Kern Fredmund Maliks vierter Grundsatz wirksamer Führung: Stärken nutzen. Malik betont, bereits vorhandene Stärken zu nutzen und nicht Schwächen zu beseitigen: «Das muss deshalb betont werden, weil die meisten Führungskräfte – und, wie es scheint, ganz besonders die Personalexperten – überwiegend mit dem Gegenteil dessen befasst sind, was dieser Grundsatz fordert: einerseits mit der Entwicklung von etwas statt mit der Nutzung dessen, was schon da ist, und andererseits mit der Beseitigung von Schwächen statt dem Einsatz von Stärken.»

Diese Überzeugung wird bestärkt durch die Studie von Buckingham und Coffman, die als Projektleiter des Marktforschungsinstituts Gallup 80000 Führungskräfte aller Hierarchieebenen danach befragten, wie sie talentierte Mitarbeiter finden, motivieren und dauerhaft in ihrem Unternehmen binden. Die zentrale Erkenntnis lautet, dass die Besten und Erfolgreichsten wenig äußerliche Gemeinsamkeiten haben, jedoch eine spezifische Einsicht teilen, welche die Autoren als Quelle ihrer Weisheit bezeichnen und folgendermaßen auf den Punkt bringen: «Die Menschen sind weniger veränderbar, als wir glauben. Verschwende nicht deine Zeit mit dem Versuch, etwas hinzuzufügen, das die Natur nicht vorgesehen hat. Versuche herauszuholen, was in ihnen ist. Das ist schwer genug.»

Aus Sicht des HDI spielt folgende Beziehungskette die elementare Rolle für Zufriedenheit und Erfolg: Aus der Dominanz einzelner Gehirnstrukturen ergeben sich ganz bestimmte bevorzugte Denk- und Verhaltensstile. Diese Präferenzen stellen ein Potenzial dar, aus dem sich durch Ausbildung, Training, Erfahrung usw. Kompetenz entwickeln kann. Kurz: Kompetenz = Präferenz × (Ausbildung, Training, Erfahrung …).

Man kann sogar weiter gehen und die Frage stellen, welcher oder welche Quadranten eine gesamte Organisation oder eine Abteilung dominieren. Ist ein Unternehmen in der Lage, alle vier Denkstile zu entwickeln und deren gemeinsame Energie zu nutzen, kann es mit Hilfe der «Ganzhirn-Technologie» flexibler, kreativer, produktiver und damit wettbewerbsfähiger werden.

Zusammenfassend kann man sagen, dass die Gehirnforschung eine Erklärung für die Unterschiede und Ähnlichkeiten im Denken und Verhalten von Mitarbeitern liefert, dass das HDI-Profil diese Unterschiede und Ähnlichkeiten in Form von Präferenzen (Talenten) sichtbar macht und dass diese wiederum die Erlangung von Kompetenz fördern.

Dies alles hat eine große Bedeutung für den **MAX**, da Präferenz und Kompetenz implizite Eckpfeiler des **MitarbeiterAktienindeX** sind. Ein Aspekt fällt sofort auf: Kompetenz ist nichts Statisches oder Dauerhaftes. Kompetenz geht ohne ständiges Training verloren. Sie muss immer wieder neu erworben und erhöht werden. Deshalb enthält der **MitarbeiterAktienindeX** den Baustein Kompetenzverlust, der die zeitlich bedingte, quasi automatische Abnahme von theoretischem Wissen und praktischer Erfahrung repräsentiert. Dieser Wertverlust kann kompensiert werden durch Weiterbildungsmaßnahmen, durch die Teilnahme an Sonderprojekten, durch Maßnahmen zur Erhaltung der Gesundheit usw.

Ein weiterer Aspekt muss etwas genauer erläutert werden. **MAX** kann zwar flexibel gestaltet und den jeweiligen betrieblichen Belangen und Präferenzen angepasst werden. Er wird jedoch nicht alle Mitarbeiter gleichermaßen ansprechen. Die unterschiedlichen Denk- und Verhaltensstile werden zu einer unterschiedlichen Akzeptanz führen. Durch die HDI-Brille betrachtet, lässt sich vermuten, dass jemand mit hoher Präferenz in den Quadranten A (rationales Ich) und B (sicherheitsbe-dürftiges Ich) aufgrund seiner realistischen, kritischen und bewahrenden Denkweise zunächst nur schwer Zugang findet zum innovativen, ungewöhnlichen und spielerischen Charakter des **MitarbeiterAktienindeX**. Dies gilt übrigens auch für die Ebene der Führungskräfte.

Allerdings geben die Kenntnisse über das jeweilige HDI-Profil auch Hinweise auf eine «gehirngerechte» Argumentation zur Begründung des **MitarbeiterAktienindeXes**. Schließlich betont die spezielle Konstruktion des Index Eigenschaften aller vier Quadranten des Herrmann-Modells, berücksichtigt also Elemente aller vier Denkweisen: **MAX** hat

- eine mathematische, quantitative Komponente (Quadrant A),
- eine klare und nachvollziehbare Struktur (Quadrant B),
- fördert die Kommunikation (Quadrant C)
- und ist ein kreatives Konzept, das Raum für eine spielerische Ausrichtung (Quadrant D) lässt.

Gerade die Erfahrungen im «Schindlerhof» und beim Kronacher Kunststoffwerk, wo auch mit dem **MitarbeiterAktienideX** experimentiert wird, zeigen, dass auf allen vier Ebenen über das Instrument diskutiert wird: Ist die Relation der Pixelgrößen untereinander stimmig? Kann man Aufbau und Form des Index optimieren? Welche Gefühle löst das neue Instrument aus? Kann man das Konzept erweitern und etwa bei Kreditverhandlungen nutzen?

Es sind gerade die Unterschiede und Ähnlichkeiten im Denken und Verhalten der Menschen, die von den Führungskräften und von den Mitarbeitern untereinander Toleranz gegenüber anders Denkenden und Fühlenden erfordern.

Der **MitarbeiterAktienindeX** ist kein Instrument für eine normierte Belegschaft. Er hat so viele Facetten und bietet so viele Chancen, dass jeder Mitarbeiter – ob Analytiker, Organisator, Kommunikator oder Visionär – eine Präferenz für das neue Instrument entdecken kann. Diese wird dann rational oder emotional gefärbt sein. Schließlich bewegt sich der **MitarbeiterAktienindeX** wie der Mitarbeiter selbst im Spannungsfeld zwischen Ratio und Emotio.

3.8 MAX ist selbstbewusst

Die Reflexionen über den MitarbeiterAktienindeX haben uns zu verschiedenen Spannungsfeldern geführt. Das sollte Klarheit und Bewusstsein schaffen für die Position, die Bedeutung und die Wirkung dieses neuen Instruments. Die Position liegt im Spannungsfeld widerstreitender, bipolarer Ansichten über Mitarbeiterführung und Leistungskontrolle.

Aus dieser Ansiedlung bezieht der MitarbeiterAktienindeX seine besondere Bedeutung: Er überwindet das Denken in Gegensätzen, weil er verschiedene Methoden (Zutaten) vereinigt und damit das Miteinander von Sachorientierung und Menschorientierung sowie innerem Antrieb und äußerer Motivation zulässt. Er ist damit mehr als der viel beschworene gesunde Kompromiss, er ist eine Mixtur aus unterschiedlichen Zutaten. Und wie diese Mixtur im konkreten Fall (Unternehmen) aussieht, hängt von den bevorzugten Zutaten und deren Mischungsverhältnis (Gewichtung) ab. Die Inhaltsstoffe sind letztlich ein Extrakt aus einem bestehenden Netz von unternehmerischen Maßnahmen und menschlichen Beziehungen. Es handelt sich um ein Geflecht, um eine Matrix namens Unternehmensorganisation und -kultur, die durch unterschiedlichste Maßnahmen und Beziehungen geschaffen wird und die selbst Aktionen und Verbindungen hervorbringt, die dann auf die Unternehmensorganisation und -kultur zurückwirken. Und in diesem rekursiven Prozess entfaltet der MitarbeiterAktienindeX seine Wirkung: Er wird die Unternehmenskultur verändern, die ihn geschaffen hat. Er wird die Reflexion über die Corporate Culture unvermeidbar beleben. Und damit ist MAX selbstständig und selbstbewusst. So steht auch am Ende dieses Kapitels der Ratschlag des Orakels von Delphi: «Erkenne dich selbst.»

4. MAX erobert die Welt – MAX in der Praxis

4.1 Mitarbeiterbefragung im «Schindlerhof»

Im Februar 2004 führten wir eine Mitarbeiterbefragung zum Thema **MAX, MitarbeiterAktienindeX** durch. Dieser Schritt war sehr wichtig und aufschlussreich, wollten wir doch nach einem Jahr der Einführung der Mitarbeiteraktie prüfen, wie das System vom Team akzeptiert und bewertet wird. Sinn und Zweck war zum einen, ein klares Feed-back zu bekommen, ob die Erwartungshaltungen, die die Mitarbeiter mit der Implementierung von **MAX** hatten, getroffen wurden, und zum anderen, ein mögliches Potenzial zur Optimierung von **MAX** zu finden. Die Befragung führten wir anonym durch, die Ergebnisse kommunizierten wir an das gesamte Team über unsere Weißwandtafeln in jedem Leistungsbereich. Insgesamt stellten wir 18 Fragen, 16 geschlossene, zwei offene Fragen. Die geschlossenen Fragen waren nach dem deutschen Schulnotensystem zu bewerten, somit von 1 = sehr gut bis hin zu 6 = ungenügend/stark verbesserungswürdig. Der Fragebogen war in vier Bereiche aufgeteilt:

I. Allgemeine Fragen

II. Monatlicher Informationsfluss in Bezug auf **MAX**

III. Eine Beurteilung der Verständlichkeit der Fragen und des monatlichen Zeitaufwands

IV. Offene Fragen und Verbesserungspotenzial

I. Allgemeine Fragen

Zu diesem ersten Bereich stellten wir folgende Fragen:

1. Wie empfanden Sie die Einführungsphase (Informationsfluss/Erklärung/Schulung) von **MAX** im Frühjahr 2003?
2. Hat sich durch **MAX** etwas an Ihren Gewohnheiten geändert?
3. Wie beurteilen Sie **MAX** als Motivationsinstrument?
4. Wie sehr hat sich Ihr Gefühl in Bezug auf Teamzugehörigkeit durch **MAX** verstärkt?

5. Inwieweit möchten Sie dazu beitragen, «Ihr» Team auf Platz 1 zu bringen?

6. Wie beurteilen Sie die Tatsache, dass es bald eine Software geben wird, mit der die Daten online eingegeben werden können, also die Zettelwirtschaft entfällt?

7. Würden Sie (spontan) **MAX** einem zukünftigen Arbeitgeber weiterempfehlen?

Nachfolgend die Ergebnisse der Befragung:

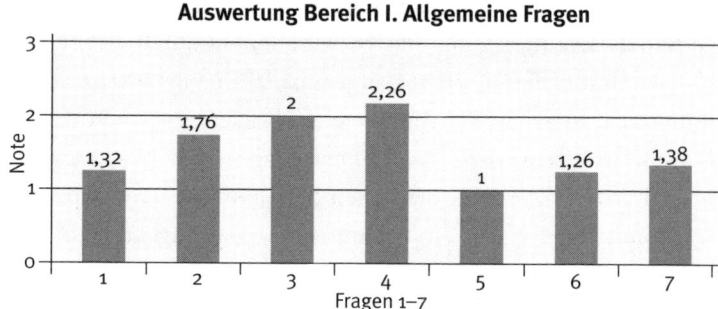

Auswertung Bereich I. Allgemeine Fragen

II. Monatlicher Informationsfluss der **MAX**-Daten

1. Haben Sie stets die Möglichkeit, sich über Ihren PIX zu informieren?

2. Fühlen Sie sich in Ihrer Abteilung ausreichend informiert über: ... Kursverläufe, die das gesamte Unternehmen betreffen?

3. ... Kursverläufe, die ausschließlich Ihr Team betreffen?

4. Werden Ideen und Informationen über **MAX** gemeinsam im Team besprochen?

5. Wie beurteilen Sie das fachliche **MAX**-Wissen (Know-how) Ihrer Führungskraft?

6. Wie empfinden Sie den Informationsfluss bezogen auf **MAX** generell?

Folgende Ergebnisse erhielten wir im Bereich Informationsfluss:

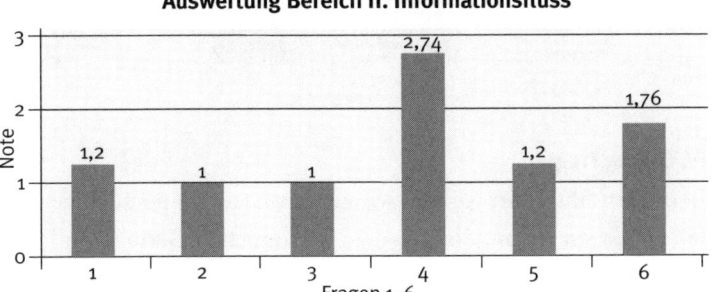

Auswertung Bereich II. Informationsfluss

III. Verständlichkeit der Fragen und Zeitaufwand
1. Wie beurteilen Sie die Verständlichkeit der einzelnen Einflussfaktoren?
2. Wie kommen Sie mit der Beantwortung der Fragebögen zurecht?
3. Wie empfinden Sie den monatlichen Zeitaufwand im Zusammenhang mit **MAX**?
4. Finden Sie die Einflussfaktoren (generell gesehen) als gerechtfertigt?

Hier auch die Ergebnisse der Befragung in Bezug auf Verständlichkeit der Systematik und des monatlichen Zeitaufwands aus Sicht der Mitarbeiter:

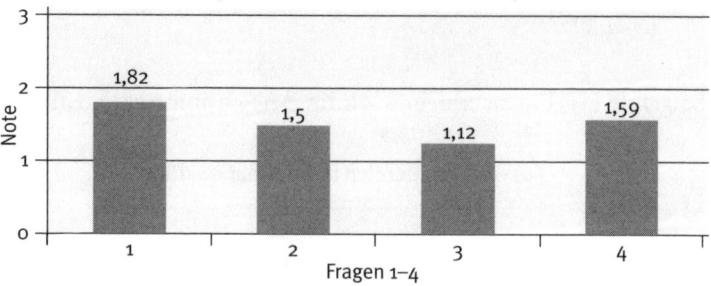

Auswertung Bereich III. Verständlichkeit / Zeitaufwand

IV. Offene Fragen

In diesem Abschnitt wollten wir gerne wissen, ob noch Fragen offen geblieben waren, die in einem persönlichen Gespräch mit der **MAX**-Beauftragten oder einem Mitglied der Unternehmensführung geklärt werden sollten.

Zudem wurde nach der zukünftigen Erwartungshaltung gegenüber **MAX** gefragt und ob noch weitere Vorschläge zur Erweiterung der monatlichen Parameter vorhanden waren.

Aus Platzgründen können wir hier nicht alle Antworten abdrucken. Jedoch möchten wir die Tendenz der Ergebnisse dieser offenen Fragen nicht vorenthalten.

Grundsätzlich gab es keinen wesentlichen Veränderungswunsch, der sofort hätte umgesetzt werden müssen. Das war schon einmal ein außerordentliches Lob an das **MAX**-Team. Es gab nur eine kleine Anregung, die auch im nächsten Monat aktualisiert wurde, nämlich die Pixelvergabe bei den Führungskräften. Hier gab es bis dato immer eine Gutschrift von vier Pixeln pro besuchtes DIM (= Dienstagsmeeting der Führungsmannschaft). Dieser Zugewinn wurde auf ein Pixel pro DIM halbiert.

Sehr interessant sind auch die Antworten, die die Teammitglieder zum erwarteten persönlichen Nutzen des Systems **MAX** gaben. Die Reihenfolge der Antworten ergibt sich nach ihrer Häufigkeit.

- Prämiensystem
- Leistungsbezogene Vergütung in Anlehnung an den **MAX**-Wertzuwachs
- Aktiv Lob und Tadel kommunizieren
- **MAX** als Basis für Gehaltsverhandlungen
- Aktives Auseinandersetzen mit dem eigenen Stärken-Schwächen-Profil
- Motivation in der eigenen Leistungserbringung durch den monatlichen Blick in den Spiegel

Zahlenmäßig am häufigsten wurde die Einführung eines Prämiensystems genannt, aber sehr oft wurde eben auch die gerechte, leistungsbezogene Vergütung gewünscht. Ab 2005 wird der Wertzuwachs von **MAX** in jedem Beurteilungsgespräch als Basis der Diskussionen herangezogen. Geht es um Gehalts- und Aufstiegsfragen, werden wir selbstverständlich auch einen Blick auf **MAX** wagen ...

Sehr erfreulich ist, dass ein Großteil der Mitarbeiter den monatlichen Blick in den Spiegel positiv bewertet hat. Somit wird **MAX** also konkret als Tool wertgeschätzt, mit Hilfe dessen ein jeder Mitarbeiter monatlich eine eigene, individuell geprägte, persönliche SWOT-Analyse durchführen kann.

Zählt man nämlich die beiden letzten Antworten der Frage nach der Nutzenerwartung in ihrer Häufigkeit der Nennungen zusammen, so ergibt sich hier die zahlenmäßig größte Erwartungshaltung seitens unseres Teams. Diese Einstellung weist deutlich darauf hin, dass sich unsere MitunternehmerInnen ihrer Verantwortung gegenüber ihrer eigenen Leistung, gegenüber der Performance ihres Teams und schlussendlich auch der Wertentwicklung des gesamten Unternehmens bewusst sind.

In den nächsten beiden Abschnitten berichten zwei unserer ersten Auftraggeber über den Einsatz von **MAX** in ihren Unternehmen und die positiven Erfolge, die sich binnen kürzester Zeit ohne Druck und ohne lange Überzeugungsgespräche einstellten.

4.2 Gespräch mit Thomas Braun, Geschäftsführer WOCO Kronacher Kunststoffwerk GmbH

Thomas Braun, Geschäftsführer der WOCO Kronacher Kunststoffwerk GmbH, besuchte im Dezember 2003 eines unserer Seminare im «Schindlerhof». Im Rahmen seines Vortrags erzählte Herr Kobjoll auch über den innovativen **MAX** als Führungsinstrument. Begeistert von der Idee suchte Braun den Kontakt mit Glow & Tingle, Klaus Kobjolls Beratungsunternehmen.

In Gesprächen im Februar 2004 entschloss sich Herr Braun, den **MAX** bei sich im Unternehmen einzuführen. In der Umsetzungs- und Implementierungsphase standen wir mit ihm und Ute Kodisch, der **MAX**-Beauftragten bei WOCO in Kronach, in engem Kontakt. Im Mai 2004 wurde die erste Version von **MAX** in Kronach ins Netz eingestellt.

Welche positiven Ergebnisse er und sein Team bislang mit dem **MitarbeiterAktienindeX** erreicht haben und welche Trends sich für die Zukunft aus diesen Ergebnissen ableiten, zeigte Thomas Braun im Oktober 2004 in einem Gespräch mit Professor Dr. Ulrich Scheiper und Markus Wiesmann auf:

In welchem Bereich ist Ihr Unternehmen vorwiegend tätig?
Das Kronacher Kunststoffwerk gehört seit 2001 zur WOCO-Unternehmensgruppe. Drei wesentliche Geschäftsbereiche prägen die Aktivitäten von WOCO: Motorakustiksysteme (dazu gehört der Standort Kronach), Antivibrationssysteme und Gummitechnik. Der gemeinsame Nenner der Aktivitäten ist die Geräuschoptimierung im Automobil. – Das nördliche Oberfranken kann als

Kunststoffhochburg bezeichnet werden. Und hier kann das Kronacher Kunststoffwerk, dessen Ursprünge auf das Jahr 1912 zurückgehen, auf, auf eine lange Geschichte zurückblicken. Wir stellen Kunststoffteile im Thermoplastverfahren sowie im Duroplastverfahren her und auch Werkzeuge. Wir sehen uns als Full-Service-Anbieter, der die komplette Prozesskette von der Werkzeugkonstruktion bis zur Projekt- und Kundenbetreuung abdecken kann. Unsere größten Kunden kommen aus der Automobilindustrie.

Wie viele Mitarbeiter zählt Ihr Unternehmen derzeit?
In Kronach sind es 224, davon zehn Prozent Auszubildende. Im gesamten Konzern sind es rund 4500, davon etwa ein Drittel in Deutschland.

Welchen Stellenwert nimmt bei WOCO der Bereich Human Resources, also Mitarbeiterführung, ein?
Einen sehr hohen. Wir haben dazu einen großen Maßnahmenkatalog entwickelt – unser Programm Mitarbeiterbeteiligung und -motivation. Dazu gehören ein umfangreiches Kennzahlensystem, Ideenmanagement, ein System zur internen Kundenzufriedenheit, Gesundheitsmanagement, ein Kundenstimmungsbarometer usw. Und selbstverständlich jetzt der **MitarbeiterAktienindeX**.

Wird Förderung der Mitarbeiter im gesamten Konzern so groß geschrieben wie bei Ihnen in Kronach?
Im Sinne eines Mitarbeiterindex oder spezieller hier entwickelter Maßnahmen der Mitarbeiterbeteiligung und -motivation noch nicht. Das ist leicht zu erklären. Mit der dezentralen Einheit hier in Kronach sind auch kürzere Kommunikationswege verbunden. Auf Konzernebene ist die Abstimmung über mehr Instanzen notwendig, und das aus guten Gründen. Das Werk in Kronach

konnte wunderbar als Pilotprojekt für die Einführung von **MAX** fungieren. Als lokaler Chef habe ich es einfacher als in einem Konzern mit mehrschichtigen Führungsstrukturen. Dennoch wird im Konzern aufgrund unserer Aktivitäten und unserer ersten Erfolgszahlen **MAX** thematisiert. Bei entsprechendem weiterem Erfolg von **MAX** ist in Zukunft die Einführung des **MitarbeiterAktienindeX** in weiteren Bereichen von WOCO durchaus denkbar. Hierfür spricht auch, dass man in der Wahl der Zutaten flexibel ist und nicht an ein bestimmtes Muster gebunden.

Wann haben Sie das erste Mal von **MAX** *erfahren?*
Das war 2003 auf dem Seminar «Unternehmer-Energie» mit Klaus Kobjoll. Nicht nur das Seminar, auch die Idee eines **MitarbeiterAktienindeX** hat mich sofort begeistert.

Welche Zielvorstellungen und Visionen hatten Sie vor der Einführung des Instruments, nachdem Sie das erste Mal von **MAX** *gehört hatten?*
Am Anfang hatte ich an die Floskel «Die Mitarbeiter sind das wertvollste Gut in einem Unternehmen» gedacht und daran, dass der **MitarbeiterAktienindeX** die Frage «Wie wertvoll ist der Einzelne tatsächlich?» vom Ansatz her endlich einmal thematisiert.

Während der Einführungsphase wurde mir klar, dass **MAX** ein idealer Deckel ist für unsere bisherigen Aktivitäten der Mitarbeiterbeteiligung und -motivation. Er führt die verschiedenen Maßnahmen zusammen und bringt sie auf den Punkt. Mit Blick auf die Zukunft erkannte ich dann die durch **MAX** entstehende Verpflichtung, unsere bisherigen Maßnahmen zu erweitern und zu verfeinern. Rückblickend kann ich beispielsweise das erfolgreiche Ideenmanagement und die Gründung unserer KKW-Akademie mit einem regelmäßigen Schulungsangebot nennen. Das heißt, wir entwickeln unsere Strukturen im Einklang mit **MAX** weiter.

Ist **MAX** *bei Ihnen ein Tool, das auf freiwilliger Basis zum Einsatz kommt? Oder müssen Ihre Mitarbeiter teilnehmen?*
Die Teilnahme ist freiwillig. Das bedeutet aber auch, dass Überzeugungsarbeit zu leisten ist. Wir sind ein Unternehmen mit Betriebsrat. Unser Betriebsrat trägt den **MitarbeiterAktienindeX** mit. Und natürlich habe ich meine Persönlichkeit als Chef des Unternehmens eingebracht. Meine Mitarbeiter wissen, dass ich auf das Prinzip Selbstverantwortung setze. Und dazu passt **MAX**. Die Beteiligungsquote liegt mittlerweile bei stolzen 90 Prozent.

Welche Schritte zur Implementierung von **MAX** *sind Sie gegangen?*
Wir führten zunächst einen Workshop mit unseren Potenzialträgern, einem Kreis von 15 lokalen Nachwuchsführungskräften, durch. Diese Personen sind dann in eine dreimonatige Testphase gegangen. Nach den ersten Erfahrungen und einem Feintuning wurde die Einführung von **MAX** in allen Abteilungen bekannt gemacht und ausführlich diskutiert. Es ging also darum, die Mitarbeiter in den jeweiligen Abteilungen zu begeistern. Ich nenne hier gleich ein gewisses Risiko: Wir hatten 15 verschiedene Argumentationsweisen, wenn man so will, 15 verschiedene rhetorische Wege. Da fehlte manchmal die Eindeutigkeit.

Ich habe gelernt, dass eine Vor- oder Nachpräsentation durch die Geschäftsführung unerlässlich ist. Das hätten wir besser machen können. Auf der Habenseite steht bei uns das gute Verhältnis zwischen Geschäftsführung und Betriebsrat. Es wird bestimmt vom Geist des Miteinanders. Meine dringende Empfehlung: Den Betriebsrat ganz früh mit einbeziehen, insbesondere in die Workshops und in die Festlegung der Zutaten zum **MitarbeiterAktienindeX**.

Nach welcher Maßgabe haben Sie sich für die momentan zum Einsatz kommenden Einflussfaktoren entschieden?

Grundlage war unser bereits existierendes Konzept der Mitarbeiterbeteiligung und -motivation. Der Boden für **MAX** war praktisch bereitet. Die endgültige Entscheidung fiel dann innerhalb eines Workshops. Der brachte insbesondere die Erkenntnis, auch Gesundheitsfaktoren als Zutaten zu nehmen. In der Lernphase danach haben wir gesehen, dass die Gewichtung der Faktoren und die Pixelvergabe so vorgenommen werden muss, dass jeder Mitarbeiter theoretisch in der Lage ist, einen stabilen bzw. leicht steigenden Kursverlauf zu realisieren. Das ist eine Frage des Finetunings.

*Bedurfte es einer großen «Überzeugungsarbeit», nahezu Ihr komplettes Team von der **MAX**-Idee zu begeistern? Haben Sie dabei Ihrem Team gewisse Benefits in Aussicht gestellt?*
Ja, ohne Überzeugungsarbeit geht es nicht. Erste Voraussetzung ist, dass die Führungsebene hinter dieser Idee steht, dass sie sich dem neuen Denken anschließt. Es muss eine Sprache im Unternehmen sein. Unser Motto lautet: «Viele Köpfe – ein Ziel.» Das heißt, dass jeder im Unternehmen wichtig ist, dass ein Rad ins andere greift. Das heißt aber auch, dass neue große Ziele wie der **MitarbeiterAktienindeX** von allen oder zumindest der überwiegenden Mehrheit getragen werden muss.

Zu den Benefits habe ich noch kein abschließendes Konzept. Momentan setze ich spontane Belohnungen für hohe Kurswerte ein. Für die Zukunft kann ich mir Preise am Ende des Jahres oder auch am Monatsende für die Punktbesten oder die mit der höchsten Wertsteigerung oder die besten Teams vorstellen.

*Welche Erfahrungen haben Sie bislang mit **MAX** sammeln können?*
Es hat einige sensationelle Entwicklungen und Erfahrungen gegeben. Lassen Sie mich die drei wichtigsten nennen. Zunächst kann ich sagen, dass **MAX** eine gewisse Unternehmenskultur voraus-

setzt, diese aber auch selber wieder prägt. Das ist eine wichtige Erfahrung. Ich bin mir sicher, dass der Erfolg von **MAX** in unserem Hause mit der vorher vorhandenen Kultur zusammenhängt. Weiterhin waren wir erstaunt über die positive Auswirkung auf unser Ideenmanagement. Hier gab es schon in den ersten Monaten eine Vervierfachung der Ideen. Und unsere Umsetzungsquote liegt bei rund 70 Prozent. **MAX** regt ganz klar die Gedanken unserer Mitarbeiter über die Arbeitsumgebung und das gesamte Unternehmen an. Der dritte Punkt ist das gestiegene Gesundheitsbewusstsein. Das unterstützen wir aktiv durch verschiedene Maßnahmen wie etwa geplante Angebote zur Raucherentwöhnung oder einen Lauftreff.

Hat sich nach Ihrer Einschätzung der Umgang innerhalb der Belegschaft bereits verändert?
Ja, ganz sicher. Wie gesagt, die Unternehmenskultur ändert sich. Meine Mitarbeiter machen sich Gedanken um ihre Fortbildung oder Schulung. Es wird auch diskutiert, was überhaupt als Schulung zählt bzw. gerechnet werden kann. In den Kaffeepausen geht es auch um den Body-Mass-Index. Inzwischen weiß jeder Mitarbeiter, was der Body-Mass-Index ist und welche Werte gut bzw. schlecht sind.

Wie beurteilen Sie die zum Einsatz kommende Software generell?
Natürlich gab es, wie es bei vielen neuen EDV-Projekten der Fall ist, ganz am Anfang kleinere Einführungsprobleme. Als Erstkunde war uns schon bewusst – und darüber hatten wir ja auch gesprochen –, dass wir teilweise den Beta-Test mitmachen werden. Aber gerade die Softwarelösung zu **MAX**, die sämtliche Eingaben und Daten der Mitarbeiter hochkomfortabel verarbeitet und entsprechend visualisiert, ist enorm hilfreich, um das gesamte System zu

stützen. Auch die nachträglichen Funktionserweiterungen haben das gute Bild der Software positiv abgerundet. Schließlich haben wir hier als erster Kunde auch noch die eine oder andere Ergänzung angeregt.

Welches sind denn für Sie die wichtigsten Funktionalitäten?
Lassen Sie uns doch an dieser Stelle einmal kurz in die Software schauen, dann kann ich Ihnen einige der Funktionalitäten besser erläutern:

Sehen Sie, ganz hervorragend finde ich zum Beispiel, dass die Mitarbeiter ihren jeweiligen, aktuellen Rangplatz einsehen können. Passwortgeschützt. Selbst wenn es für den Einzelnen möglicherweise frustrierend wirkt, wenn er oder sie an 192. Stelle steht, bei momentan 198 Teilnehmern, aber es gibt jedenfalls ein klares Feedback. Und der Mitarbeiter weiß, dass er in der nächsten Zeit richtig Gas geben muss.

Und hier haben wir eben wieder den monatlichen «Blick in den Spiegel», wie Sie und Herr Kobjoll es immer so schön zu sagen pflegen. Als Unternehmer finde ich natürlich die Ranking-Liste sehr wichtig. Hier lassen sich gezielt und schnell Informationen herausziehen. Denn in dieser Übersicht sehe ich sofort, wer sich auf den ersten Rängen tummelt, aber natürlich auch, wer auf den letzten. Für unsere **MAX**-Beauftragte Frau Kodisch hingegen ist speziell eine Ergänzung ganz essenziell, nämlich die Anzeige der noch nicht ausgefüllten Bögen. Hier kann sie per Mausklick sofort die «schwarzen Schafe» des Monats entlarven und einsehen, wer seinen Bogen noch nicht ausgefüllt hat. Denn nur wenn alle Mitarbeiterdaten eingepflegt und gecheckt sind, lässt sich der aktuelle Monat beenden.

Lassen Sie mich abschließend noch ergänzen, dass es für mich ganz entscheidend war, die Anwendung in unserer eigenen Corporate Identity, also in Grüntönen und Weiß – mit eingebundenem WOCO-Logo –, zu bekommen. Somit ist eine bessere Identifikation der Mitarbeiter mit **MAX** gewährleistet.

Wie schätzen Sie den monatlichen Zeitaufwand für jeden Mitarbeiter ein, der seine Daten selbst passwortgeschützt im System erfasst?
Hier muss man zwischen eingespielter und noch nicht eingespielter Phase unterscheiden. Nach meiner Einschätzung sind das im geübten Stadium pro Mitarbeiter monatlich nicht mehr als fünf Minuten. Für den **MAX**-Beauftragten, der einiges mehr an Administrationsdaten zu verwalten hat, sollten bei einer Unternehmensgröße, wie wir sie mit ungefähr 200 Mitarbeitern aufweisen, nach einigen Monaten auch nicht mehr als zwei Stunden pro Monat notwendig sein. Natürlich muss man mit der Einführung von **MAX** die Peripherie aller weiteren Tools gut strukturieren.

Ein Beispiel: Wir haben hier im Betrieb auch ein Parallelsystem «Ideenmanagement». Gibt ein Mitarbeiter nun an, er habe zwei Ideenblätter eingereicht, so muss der **MAX**-Beauftragte oder auch der Teamleader, der die Bögen der Mitarbeiter gegenliest, schnell und unkompliziert Zugriff auf eine entsprechende Datenbasis haben. Das ist ganz wichtig. Wenn wir also die höchstmögliche Effizienz mit **MAX** erreichen wollen, so müssen wir sämtliche anderen Ablage- und Wiedervorlagesysteme darauf abstimmen. Dies geht sicherlich nicht sofort, wird aber in jedem Fall *step by step* realisiert werden.

Sie sind hier in der Region Kronach durchaus als ein äußerst innovativer Kopf bekannt. Beabsichtigen Sie, die Einführung von MAX in Ihrem Unternehmen entsprechend in den lokalen Medien publik zu machen?
Ich habe nichts dagegen, wenn **MAX** der Auslöser dafür ist, dass etwas mehr Licht auf unser Unternehmen und unsere Arbeit fällt. Einige hier bei WOCO – mich eingeschlossen – haben durchaus

das Selbstbewusstsein, was wir hier tun, nicht zu verstecken. Daher werden wir die Möglichkeiten, die uns zur Verfügung stehen, natürlich offensiv ausnutzen, um uns hier am Standort und in der Branche als noch innovativeres Unternehmen zu präsentieren.

Neben Pressekonferenzen und Auftritten in Fachzeitschriften werden wir das Modell auch bei Besuchen unserer Geschäftskunden, wie Audi, BMW, Daimler-Chrysler usw., präsentieren. Sie müssen wissen, dass auch der Punkt Mitarbeiterführung und Mitarbeitermotivation ein Bestandteil der Zertifizierungen und der Audits ist, die diese Kunden bei uns durchführen.

Mit dem ersten Wirbel, also ich meine mit den ersten Veröffentlichungen, wird es sicherlich Fragen geben, und weitere Veranstaltungen werden folgen, sei es nun bei uns hier im Unternehmen für Firmen aus der Region oder schlicht bei Anfragen von Interessenten, die **MAX** ebenfalls einführen möchten. Klar, dass ich auch jederzeit gerne bereit bin, Auskünfte darüber zu geben, wie **MAX** bei uns läuft.

Welche konkreten Nutzenaspekte versprechen Sie sich weiterhin vom Einsatz dieses innovativen Mitarbeitertools für Ihr Unternehmen, Ihre Mitarbeiter und natürlich Sie selbst?
Einerseits natürlich eine Verstärkung und Stabilisierung der sich jetzt schon abbildenden Trends. Die optimalen Ergebnisse im Ideenmanagement sollen keine Eintagsfliege sein. Andererseits aber auch eine kontinuierliche Weiterentwicklung, die dieses dynamische System jederzeit bietet. Ich plane, nach einem Jahr eine Art Manöverkritik zu machen und zu durchleuchten, welche Kriterien wir noch zusätzlich mit aufnehmen werden bzw. welche der Parameter möglicherweise nicht länger Einfluss üben sollen. Es werden – wie vorhin schon angedeutet – flankierende Maßnahmen eingeleitet, wie unter anderem die KKW-Akademie und ein thematisiertes Raucherentwöhnungsprogramm.

Ich erhoffe mir als einen weiteren wesentlichen Punkt, dass jeder einzelne Mitarbeiter Anwalt seiner eigenen individuellen Entwicklung wird. Dies wird sich ausdrücken durch mehr Eigeninitiative und ein höheres Maß an Selbstdisziplin.

Wir haben den Mitarbeitern unseres Unternehmens ein geniales Tool an die Hand gegeben und sind uns sicher, dass nicht mit einem Lächeln darüber gesprochen werden wird, sondern eine positive Wertschätzung stattfindet: «Hoppla, da kommt einer aus einem außerordentlich kreativen Unternehmen.»

In Bezug auf meine Person habe ich natürlich auch nichts dagegen einzuwenden, als innovativer Vordenker bezeichnet zu werden. Dies wirkt sich wiederum vorteilhaft auf WOCO in Kronach aus und in Endkonsequenz auf unseren gesamten Konzern.

4.3 Statement der Kanzlei Dr. Graf

Die Kanzlei Dr. Graf, ansässig in Augsburg/Stadtbergen, war unser zweiter Auftraggeber zur Realisierung des **MAX**-Projekts. Begleitet hat die Projektumsetzung von Anfang an neben Dr. Helmut Graf, dem Inhaber der Kanzlei, der Kanzleimanager Philipp Achatz. Auch hier handelte es sich um eine völlig andere Branche als die Hotellerie und war deshalb eine weitere Herausforderung. Würde **MAX** sich in das anspruchsvolle Umfeld dieser Wirtschaftsberatungskanzlei implementieren lassen? Hier der Bericht aus Augsburg:

Die renommierte Augsburger Wirtschaftsberatungskanzlei Dr. Graf, ein junges, aktives und zielstrebiges Unternehmen, setzt seit Juni 2004 auf **MAX** *und geht dabei schwabenweit neue Wege bei der Mitarbeitermotivation.*

Durch den Einsatz von **MAX** konnten bereits nach kurzer Zeit beeindruckende Ergebnisse im Bereich der Mitarbeitermotivation erzielt werden. In der Kanzlei Dr. Graf wurden drei Teams gebildet, das Service-Team, das Consulting-Team und das Steuer-Team. Jeden Monat findet eine Mitarbeitermonatsbesprechung statt, in der unter anderem die TIX-Werte der einzelnen Teams sowie der CIX-Wert besprochen und ausgewertet werden. Der Mitarbeiter mit dem größten Zuwachs wird namentlich genannt und gelobt, ebenfalls das Team mit dem größten prozentualen Zuwachs. So werden die Teammitglieder zu mehr Selbstdisziplin und Aktivität angespornt, was wiederum bewirkt, dass so die Gruppendynamik gefördert, die Motivation verstärkt und die Stimmung in der Kanzlei positiv beeinflusst wird.

Nicht nur der Teamgeist spielt in der Kanzlei eine große Rolle, sondern auch die gesunde Einschätzung der Stärken und Schwächen jedes Einzelnen. «Mit **MAX** hat sich sowohl die Selbsteinschätzung als auch die Produktivität unserer Kanzleimitarbeiter bedeutend verbessert», erklärt Kanzlei-Inhaber Dr. Helmut Graf und verweist auf den neuen Anreiz durch das börsenähnliche System. Von neuem Elan spricht die Kanzleisekretärin Christine Seitz: «**MAX** gibt zusätzlichen Ansporn für jeden neuen Arbeitstag. Und noch dazu ist ein steigender Aktienkurs meiner Ich-Aktie eine exzellente Grundlage für Gehalts- und Karrieregespräche.»

Durch den Einsatz von **MAX** konnte die Kanzlei nicht nur nachhaltige Motivation durch monetäre Anreize mit einem Prämiensystem schaffen. **MAX** hat auch eine gewisse Gruppendynamik hervorgerufen. «Das Teambewusstsein unserer Mitarbeiter ist enorm gestiegen», erklärt Kanzleimanager Philipp Achatz und weiß auch beim Krankenstand Positives zu berichten: «Die krankheitsbedingten Fehlzeiten unserer Angestellten haben sich nahezu halbiert.

In der Kanzlei Dr. Graf gelten folgende Zutaten zur Aktienwertermittlung bzw. -veränderung:

- Produktivität
- Kostendeckende, -sparende Auftragsabwicklung
- Pünktlichkeit
- äußeres Erscheinungsbild
- Fehlerquote
- Mandantenorientierung
- Ordnung- und Eigenorganisation
- Leistungsbereitschaft
- Teamgeist
- gesunder Lebensstil
- Fort- und Weiterbildung
- Sonderbonus
- Krankheitstage (Montag/Freitag)
- Dienstjubiläum
- Abschreibung

Diese Zutaten wurden in einem gemeinsamen Brainstorming mit allen Mitarbeitern gefunden, diskutiert und schlussendlich für die Kanzlei Dr. Graf verbindlich festgelegt.

Jeder Mitarbeiter der Kanzlei Dr. Graf investiert pro Monat ca. zehn Minuten seiner Zeit, um sich selbst mit MAX zu bewerten. Dies ist ein kleiner Aufwand, aber ein großer Gewinn für die Kanzlei Dr. Graf.

4.4 Das wichtigste Talent der Zukunft

Karl Pilsl, Wirtschaftsjournalist in den USA, schreibt in seinem Buch «Die 10 Haupttrends der aus den USA kommenden Wirtschaftsrevolution»: «Die besten Talente werden sich dort einfinden, entfalten und bleiben, wo es ein Arbeitsumfeld gibt, das ein ‹Treibhausklima für Spitzenleistungen› bietet.»

Tatsache ist, dass der Kampf um Talente zukünftig einen größeren Raum einnehmen wird als der Kampf um den Kunden. Wo früher Kämpfe um Ländereien geführt wurden, werden in nicht allzu ferner Zeit Schlachten um die Besten der Besten ausgefochten werden. Diejenigen, die die besten Talente in ihrem Stall haben, werden sich am Markt behaupten, da logischerweise nur dort die besten Spitzenleistungen erbracht werden. Ohne Peitsche, aber mit Unterstützung, mit Coaching. Was wird das nach sich ziehen? Ganz einfach: Kunden, die Problemlösungen suchen, werden sich nahezu vollautomatisch bei Ihnen einfinden.

Nur, wo finden wir die Besten?

In Zeiten, in denen wir uns immer mehr wegbewegen von technisch-orientierten Unternehmensstrategien, hin zu Talent-orientierten Unternehmensstrategien, müssen wir – als verantwortungsbewusste Unternehmer – unseren Mitarbeitern ein förderndes, aber auch ein forderndes (Arbeits-)Umfeld bieten.

Talente suchen keine Unternehmen, wo das Management «regiert», wo der Unternehmer ohnehin alles viel besser weiß und kann, nein, diese motivierten Menschen suchen ein Umfeld, in dem sie größtmögliche Entfaltungsfreiheit vorfinden. Lösen Sie sich bitte sofort von der Einstellung, dass Sie als Chef Ihren Job schon in dem Moment erfüllt haben, indem Sie Ihren Mitarbeitern ein Gehalt zahlen. Das funktioniert so größtenteils nicht mehr.

Talentierte, leistungswillige Mitunternehmer werden immer selbstbewusster und suchen sich konkret den «Geschäftspartner», der ihnen hilft, ihre Träume, Visionen und Ziele zu erreichen.

Heute und zukünftig wird immer mehr der Coach, der Begleiter, ja, man kann sicher auch sagen der «visionäre Leader» gesucht. Diese Führungskraft muss in der alles entscheidenden Lage sein, mit einer brennenden Begeisterung das gesamte Team zu motivieren und ebenfalls «in Brand zu stecken».

Spitzenleistungen erfordern Spitzenkräfte. Spitzenkräfte allerdings werden sich nur noch für Projekte begeistern lassen, die Freude bereiten, die es wert sind, dass man dafür gerne arbeitet. Ohne den Schlüssel der Begeisterung werden die Türen zur Motivation der Spitzentalente verschlossen bleiben.

Somit wird das wichtigste Talent der Zukunft sein, Spitzenkräfte zu finden und zu fördern. Aber bitte mit Begeisterung.

4.5 Sind Sie bereit für MAX?

4.5.1 Ran an die eigenen Leute

Worauf muss geachtet werden, wenn ein System wie der **MitarbeiterAktienindeX** implementiert werden soll? Da gibts nur eins: offene Karten gegenüber den Mitarbeitern. Wichtig ist nämlich vor allem, dass Ihre Mitarbeiter die ganze Idee von Anfang an mittragen. Ihre Aufgabe und die Ihrer Führungskräfte ist es, das Feuer in Ihrem Team zu entfachen.

Sie sollten aber nicht von der Annahme ausgehen, alle Ihre Mitarbeiter würden immer und stets Ihrer Meinung sein. Allem Neuen wird zumeist erst einmal mit Skepsis begegnet. In «No risk No fun» (mit Dagmar P. Heinke) habe ich das schon einmal beschrieben, aber wegen seiner Bedeutung soll es hier noch einmal dargestellt werden.

Von Anfang an müssen Sie erkennen (und sehr sensibel einschätzen), wer von Anfang an mit dabei sein wird, welcher Ihrer Mitunternehmer leicht, welcher mittel und welcher eventuell überhaupt nicht hinter Ihren Ideen stehen wird (oder will?). Haben Sie sogar Krieger einer Guerilla-Gruppe unter Ihren Teammitgliedern? Finden Sie es heraus. Hier einige Hilfestellungen:

Die Gläubigen

Hoffentlich haben Sie viele dieser seltenen Spezies in Ihrem Team. Dieser Kreis ist stets und sofort von der Richtigkeit und der Wichtigkeit der Innovationen überzeugt, setzt sich mit vollem Elan und voller Begeisterung für die neue Idee ein und opfert ganz selbstlos sogar die private Freizeit zugunsten des Unternehmenserfolgs.

Die Missionare

Auch die Missionare sind extrem willkommen bei Innovationen. Diese Gruppe ist genauso von der Wichtigkeit und Richtigkeit der Neuerung überzeugt wie die Gläubigen. Aber sie gehen noch einen Schritt weiter: Die Missionare verkaufen Ihre Idee, als ob es ihre eigene wäre. Etwas Besseres kann Ihnen gar nicht passieren als diese Art der mit sehr viel positiver Power angereicherten internen Mund-zu-Mund-Werbung.

Die Lippenbekenner

Diese Gruppe ist sofort enttarnt. Bei jeder Neuerung, bei jeder Innovation kommen sie aus ihren Ecken hervorgeschleimt und loben Sie, was das Zeug hält: «Wahnsinn, Chef, die Idee ist so genial. Einfach traumhaft.» Ganz bald wird sich schon herausstellen, ob unser Lippenbekenner auch wirklich hinter der Idee steht oder ob die am Anfang zelebrierte Euphorie eben doch nur seinem schauspielerischen Talent zu verdanken war. Also, erst einmal beobachten und eine Chance geben, ob er sich mit Ihren neuen Zielen identifizieren wird. Entlassen können Sie diese Herrschaften später immer noch.

Die Emigranten

Na herzlichen Glückwunsch. Haben Sie auch einige dieser Mitspieler, die gemäß der letzten Gallup-Studie zu den letzten 18 Prozent, also denjenigen gehören, die bereits innerlich gekündigt haben? Wahrscheinlich verabschiedet sich diese Gruppe von ganz allein. Denn jetzt müssten sie einmal etwas tun und somit ihre Ruhepause in der so lieb gewonnenen sozialen Hängematte beenden. Ein Trost: Seien Sie froh, je mehr dieser Leute Ihr Unternehmen verlassen. Produktivität und Spitzenleistungen lassen sich einfach nicht mit freizeitorientierter Schonhaltung vereinen.

Die Gleichgültigen

Sicherlich geht es Ihnen nicht anders als bei uns hier im «Schindlerhof». Die Gruppe der Gleichgültigen wird auch bei Ihnen den größten Anteil ausmachen. Ihre Einstellung – nämlich die des Abwartens – ist völlig normal und auch zunächst völlig in Ordnung. Keine Bange, die Missionare werden die Gleichgültigen schon taufen. Dies kann zwar etwas dauern – Gott hat die Welt schließlich auch nicht an einem Tag erschaffen –, aber es wird alles gut werden. Die Missionare wissen, was sie tun.

Die aufrechten Gegner

Nicht wirklich bequem, aber wenigstens aufrichtig begegnet uns diese Gruppe der Mitarbeiter. Sie sagen von vornherein klar und deutlich, dass sie keinesfalls hinter dem neuen Projekt stehen und es unter keinen Umständen unterstützen werden. Finden Sie sich damit ab. Einziger Weg, sie doch noch zu gewinnen, ist der persönliche Dialog, das konstruktive Gespräch. Nur – und durch nichts anderes – durch plausible, nicht zu verwässernde Argumente sind die aufrechten Gegner möglicherweise doch zu überzeugen.

Die Widerstandskämpfer

Spätestens jetzt müssen Sie sehr vorsichtig sein. Diese Gruppe kann Ihnen am gefährlichsten werden. Die Guerillas sind Meister der Täuschung und des intriganten Verhaltens. Sie agieren arglistig aus dem Untergrund heraus, und das auf heimtückischste Art und Weise. Sie sabotieren aus dem Hinterhalt jede Neuerung. Im Gegensatz zum aufrechten Gegner wird es Ihnen der Widerständler niemals offen ins Gesicht sagen, was ihm nicht passt. Dieser Verein bedarf der sofortigen Verbannung.

Jetzt sollten Sie sich die Zeit nehmen, um herauszubekommen, wie Ihr Team strukturiert ist. Geschafft? Dann stellt sich die folgende Frage: Welches ist der nächste Schritt zur Einführung von **MAX** bzw. neuer Ideen?

4.5.2 Ziele definieren

Jetzt geht es schon ganz allmählich ans Eingemachte. Gibt es Dinge, die im Moment nicht so optimal laufen bzw. komplett im Argen liegen? Was wollten Sie schon längst ändern, wussten nur noch nicht, wie Sie es konkret anpacken sollen? Sind Sie nicht auch das ewig andauernde Ermahnen Ihrer Mitarbeiter zu bewussterem Umgang mit den Ressourcen leid? Immer und immer wieder müssen Sie an Kostenmanagement erinnern und Ihre Mitarbeiterschar zu mehr Eigenverantwortung und stärkerem unternehmerischem Denken motivieren? Dann ist die Zeit reif, ein System wie den **MitarbeiterAktienindeX** einzuführen.

Werden Sie sich zunächst darüber bewusst, welche Ziele Sie konkret mit der Implementierung eines derartigen Mitarbeitertools verbinden.

Denn entsprechend Ihrer individuellen Zielsetzungen werden Sie relativ einfach erkennen, in welche Richtung Sie Ihre Mitarbeiter lenken müssen. Wie das funktioniert? Recht simpel: Sie müssen nur die Einflussfaktoren, also die monatlich zur Anwendung kommenden Parameter entsprechend gestalten, dass diese Ihre (Unternehmens-)Ziele widerspiegeln. Direkt oder indirekt.

Das ist eigentlich gleichgültig. Der höchst erfreuliche Effekt dabei ist, dass mit **MAX** Ihrem gesamten Team *Ihre* Ziele – und somit die Ziele aller – Monat für Monat ohne Diskussionen und Stress vor Augen geführt werden.

Sicherlich kennen Sie das Sprichwort: Steter Tropfen höhlt den Stein ... So ist es auch bei **MAX**. Erwarten Sie nicht gleich von Anfang an einen 360°-Turn-around in allen Bereichen. Der stellt sich möglicherweise – wie beispielsweise bei WOCO das Ideenmanagement – in einem oder zwei Bereichen ein, aber die Konsequenz, der immer wiederkehrende Blick in den Spiegel, wird mittel- und langfristig gesehen einen jeden Mitarbeiter sensibilisieren und somit den gewünschten Erfolg herbeiführen.

Die nachfolgenden Fragestellungen sind dabei hilfreich, Ziele zu erkennen und natürlich letzten Endes auch festzulegen.

Ist-Zustand analysieren

Wo ist unser Platz heute?

Wie erbringen wir unsere Leistung heute?

Welches sind unsere momentanen Stärken?

Welchen Zielen folgen wir?

_____

_____

Soll-Zustand definieren

Wo soll unser Platz zukünftig sein?

_____

_____

Wie wollen wir in Zukunft unsere Leistung erbringen?

_____

_____

In welchen Bereichen benötigen wir morgen unsere Stärken?

_____

_____

Wie sehen folglich unsere (neuen) Ziele aus?

_____

_____

4.5.3 (K)einer oder alle?

Machen Sie sich bitte auch Gedanken darüber, ob es Sinn macht, MAX für Ihr komplettes Team einzuführen. Oder möchten Sie zunächst nur mit einer Abteilung, einem Team bzw. einem Unternehmensbereich beginnen? Hier gibt es leider kein Patentrezept. Schade eigentlich … Die bisherige Erfahrung hat gezeigt, dass es bei Unternehmen, die weniger als 100 Mitarbeiter beschäftigen und diese wiederum in möglicherweise fünf bis acht Teams gegliedert sind, durchaus sinnvoll ist, den MitarbeiterAktienindeX für das komplette Unternehmen einzusetzen. Von Anfang an.

Für Unternehmen hingegen, die deutlich mehr als 100 Mitarbeiter zählen, kann es von Vorteil sein, zunächst mit einem Team oder Unternehmensbereich zu beginnen und nach einer entsprechenden Testphase MAX «missionarisch» auszuweiten.

So hat es beispielsweise Herr Braun vom WOCO Kronacher Kunststoffwerk praktiziert. Er gründete im ersten Schritt ein MAX-Team, das sich aus Vertretern sämtlicher Abteilungen zusammensetzte, seinen so genannten Potenzialträgern. Diese Gruppe arbeitete zunächst einmal drei Perioden mit der Mitarbeiteraktie. Nach diesem Testlauf von drei Monaten fungierten die Potenzialträger als Missionare für MAX. In entsprechenden Präsentationen und Einzelgesprächen innerhalb ihres jeweiligen Teams schafften es diese MAX-Starter binnen vier Wochen, nahezu 90 Prozent aller momentan rund 220 Mitarbeiter des Werks in Kronach von MAX zu begeistern (siehe Interview ab Seite 148).

Wenn Sie nicht gleich zu Beginn große Teile Ihres Teams von der Idee begeistern können, werden Sie es schwer haben, dies nachträglich hinzubekommen. Für größere Einheiten ist der Weg, den Herr Braun bei WOCO gegangen ist, ein exzellenter Lösungsansatz. Bei kleineren Unternehmen ist mit Sicherheit die anfängliche Komplettlösung zu bevorzugen.

Suchen Sie sich in jedem Fall einen engen Kreis von Mitarbeitern, die bei der Umsetzungsphase aktiv mitwirken werden. Im Idealfall stammt dieser Zirkel aus (möglichst) allen Bereichen Ihres Unternehmens. Haben Sie einen Betriebsrat? So versuchen Sie, diese Damen und Herren auch gleich vom Start weg ins Boot zu holen. Sie werden es nicht bereuen. Denn mit den richtigen Einflussfaktoren ist **MAX** durchaus betriebsratsfreundlich.

Haben Sie diese Punkte erst geklärt, so steht der Einführung des **MitarbeiterAktienindeX** in Ihrem Unternehmen (fast) nichts mehr im Wege.

4.5.4 Software-/Hardware-Situation

Schließlich sollten Sie noch einen Blick auf Ihre Netzwerkumgebung werfen. Denn als zentrales Element von **MAX** ist nun einmal die ausgereifte Softwarelösung zu sehen.

Wie im zweiten Kapitel beschrieben, ist es nicht zwingend notwendig, dass jedes Teammitglied einen PC-Zugang hat, aber es wäre durchaus wünschenswert.

Grundsätzlich benötigen Sie zum Betrieb von **MAX** einen PC, den Sie als so genannten «**MAX**-Server» nutzen. Hierzu sollten Sie einen Rechner der neuesten Generation ins Netzwerk einbinden. Dieser Rechner sollte im Idealfall über 1800 MHZ verfügen und mit einem Windows- (2000 Professional oder höher) bzw. einem Linux-Betriebssystem ausgerüstet sein. Weiterhin sollte dieser Rechner über mindestens 512 MB Arbeitsspeicher verfügen.

Alle weiteren PC-Arbeitsplätze, die in Ihr Netzwerk eingebunden sind und von denen aus **MAX** lediglich «genutzt» wird, brauchen den vorgenannten Kriterien nicht gerecht zu werden. Diese Rechner müssen lediglich über einen aktuellen Internet-Browser verfügen, am besten einen Internet Explorer und diesen ab der Version 6.0.

Bei kleineren Unternehmen, bei denen weniger als 20 Personen mit MAX arbeiten, ist es auch möglich, die MAX-Anwendung auf einem Client zu betreiben, der nicht ausschließlich für MAX verwendet wird, also einem Rechner, auf dem noch ganz normal andere Programme laufen.

Sehr gerne helfen wir Ihnen bei Detailfragen zu Ihrer PC-/Netzwerksituation weiter bzw. vermitteln Ihnen einen Kontakt zu unserem kompetenten EDV-Dienstleister.

4.5.5 Hungrig geworden? Ran an den Speck!

Alle Punkte positiv bewertet? Bingo. Dann sind Sie bereit für MAX. Sie möchten mehr Informationen rund um unser Leistungsspektrum für Sie und Ihr Unternehmen?

Dann nutzen Sie bitte den Antwort(Fax)-Coupon und fordern Sie bei uns unverbindlich und kostenfrei weiterführendes Informationsmaterial an.

Gerne stehen wir Ihnen auch in einem persönlichen Gespräch zur Verfügung. Kreuzen Sie hierzu bitte die entsprechende Box auf der Fax-Antwort des Coupons auf Seite 175 an, und wir werden uns persönlich mit Ihnen in Verbindung setzen.

Oder schicken Sie uns Ihre Wünsche und Anregungen per E-Mail an

Markus.Wiesmann@kobjoll.de

oder

info@kobjoll.de.

5. MAX, der Sieger – MAX gewinnt beim EQA 2004

5.1 Special Prize der European Foundation for Quality Management

Wie bereits in Kapitel 3 erwähnt, hatten wir im Jahr 1998 neben dem deutschen Ludwig Erhard Preis den European Quality Award der Kategorie «Independent SME» (unabhängige KMUs) nach Nürnberg geholt. Nach einer Sperre von fünf Jahren bewarben wir uns 2003 wieder und gewannen den Spezial-Preis «bester Kundenfokus».

Durch den erneuten Gewinn motiviert, wollten wir es nochmals wissen. Also bewarben wir uns in logischer Konsequenz auch 2004 bei der EFQM und kamen wiederum in die Endauswahl.

Am 16. November 2004 war es soweit: Unsere gesamte Führungsmannschaft nahm an der Preisverleihung im feierlichen Rahmen in Berlin teil. Die Spannung war riesengroß, denn bis dato wussten wir nur um die Nominierung durch eine hochkarätige Jury. Diese hatte uns im Frühsommer diesen Jahres immerhin für vier Tage besucht und uns in allen Bereichen – gemäß unserer eingereichten Bewerbung zum EQA – auf Herz und Nieren geprüft.

In Anwesenheit von rund 700 Vertretern europäischer Unternehmen durften wir an diesem Abend unseren Spezialpreis «Outstanding People Development and Involvement» stolz entgegennehmen. Nicht von ungefähr kommt die Entscheidung der EFQM, uns, einem kleinen Hotel vor den Türen Nürnbergs, einen derart bedeutenden Preis dieser Kategorie zu überreichen: Seit jeher bemühen wir uns besonders im Bereich Mitarbeiterführung und Mitarbeitermotivation und setzen Maßstäbe.

Und mit unserem **MAX** haben wir es diesmal ganz nach oben geschafft! Unser weltweit einzigartiger und ausgesprochen innovativer **MitarbeiterAktienindeX** war Auslöser dafür, dass wir diesen starken *Special Prize* überreicht bekamen.

Denn die Idee und Konzeption des **MAX**, dessen Umsetzung

und wie wir ihn mit Leben erfüllt haben, hatte die Jury bereits beim Besuch im «Schindlerhof» begeistert: «Wir haben noch nie ein derartiges Tool zur nachhaltigen Motivation und vor allem Selbsterkennung und Selbstbewertung gesehen und kennen gelernt! Outstanding!»

Dass wir dann mit den anderen Gewinnern die Glückwünsche des Generalsekretärs der Vereinten Nationen, Kofi Annan, entgegennehmen durften, war natürlich ein außergewöhnliches Erlebnis: *«I congratulate the winners of the European Quality Award, whose names will be announced tonight, for their efforts to attain excellence. I hope their example will inspire others to respond to the European – and, indeed, the global – leadership challenge.»*

Allen (noch) Nicht-Gewinnern wünschen wir das nötige Durchhaltevermögen, die entsprechende Selbstdisziplin (= Motivation) und die entsprechend engagierten Mitarbeiter, denn unter jenen Voraussetzungen wird es unweigerlich bei einem der zukünftigen Bewerbungen mit einer Auszeichnung oder sogar der EFQM-Goldmedaille klappen.

Diese erneute Bestätigung unserer tagtäglichen Bemühungen um das Wohl unserer Gäste – und natürlich auch unserer Mitarbeiter – wird wieder für lange Zeit unser komplettes Team motivieren, stets und mit voller Begeisterung unser Bestes zu geben und folglich unsere Gäste und Geschäftspartner auf uns und unsere Leistung «süchtig» zu machen. Auszeichnungen – auch wenn wir in diesem Bereich zugegebenermaßen schon etwas verwöhnt sind – wirken auf uns wie eine Droge: Man kann nie genug davon bekommen!

Anhang

Fax-Antwort
0049 (0)911 930 26 39

Bitte senden Sie mir weitere Informationen zum Thema

MitarbeiterAktienindeX

Name: _____

Firma: _____

Branche: _____

Straße: _____

PLZ/Ort: _____

Land: _____

E-Mail: _____

Telefon: _____

Bitte nehmen Sie Kontakt mit mir auf für ein persönliches Gespräch:

☐ Ja   ☐ Nein

Literaturverzeichnis

Axelrod, Robert: Die Evolution der Kooperation. R. Oldenbourg Verlag. München 2000. 5. Auflage.

Buckingham, Marcus; Curt Coffman: Erfolgreiche Führung gegen alle Regeln. Wie Sie wertvolle Mitarbeiter gewinnen, halten und fördern. Campus Verlag. Frankfurt/New York 2001. 2. Auflage 2002.

Burow, Olaf-Axel: Die Individualisierungsfalle. Kreativität gibt es nur im Plural. Verlag Klett-Cotta. Stuttgart 1999.

Goleman, Daniel: Emotionale Intelligenz – Zum Führen unerlässlich. Harvard Business Manager. März 1999.

Goleman, Daniel: Emotionale Intelligenz. Carl Hanser Verlag. München 1999.

Gosling, Jonathan; Henry Mintzberg: Die fünf Welten eines Managers. Harvard Business Manager. April 2004. S. 46–59.

Herrmann, Ned: Das Ganzhirn-Konzept für Führungskräfte. Welcher Quadrant dominiert Sie und Ihre Organisation? Ueberreuter Verlag. Wien 1997.

Herzberg, Frederick: Was Mitarbeiter in Schwung bringt. Harvard Business Manager. April 2003. S. 50–62.

Kobjoll, Klaus: Motivaction. Begeisterung ist übertragbar. Orell Füssli Verlag. Zürich 1993.

Kobjoll, Klaus: Abenteuer European Quality Award. Orell Füssli Verlag. Zürich 2000.

Kobjoll, Klaus; Dagmar P. Heinke: No risk No fun. Ihr Weg in die Selbstständigkeit. Orell Füssli Verlag. Zürich 2003.

Kobjoll, Klaus; Roland Berger; Rolf Widmer (Hrsg.): Tune. Neue Wege zur Kundenbindung und -gewinnung. Orell Füssli Verlag. Zürich 2004.

Kohn, Alfie: No Contest. The Case Against Competition. Houghton Mifflin Company. Boston, New York 1992.

Kohn, Alfie: Punished by Rewards. The trouble with gold stars, incentive plans, A's, praise, and other bribes. Houghton Mifflin Company. Boston, New York 1993.

Kohn, Alfie: Warum Incentive-Systeme oft versagen. Harvard Business Manager. Ausgabe 2 vom 1.4.1994. S. 15ff.

Malik, Fredmund: Führen, leisten, leben. Wirksames Management für eine neue Zeit. Wilhelm Heyne Verlag. München 2001. 8. Auflage 2003.

Mann, Leon: Sozialpsychologie. Beltz Verlag. Weinheim und Basel 1972. 11. Auflage 1997.

Pilsl, Karl: Die 10 Haupttrends der aus den USA kommenden Wirtschaftsrevolution. Millennium Vision Medien. Hof 2001. 1. Auflage 2001.

Ridderstrale, Jonas; Kjell A. Nordström: Funky Business. Wie kluge Köpfe das Kapital zum Tanzen bringen. Financial Times Prentice Hall. München 2000.

Sprenger, Reinhard K.: Das Prinzip Selbstverantwortung. Wege zur Motivation. Campus Verlag. Frankfurt/New York 1995. 10. Auflage 1999.

Sprenger, Reinhard K.: Mythos Motivation. Wege aus einer Sackgasse. Campus Verlag. Frankfurt/New York 2002. 17., überarbeitete und erweiterte Auflage.

Zaleznik, Abraham: Führen ist besser als managen. Rudolf Haufe Verlag. Freiburg i. Br. 1990.

Zaleznik, Abraham: Was es heißt, echte Führungsarbeit zu leisten. Harvard Business Manager. April 1998.